AF452161

TRAITÉ DE PERSPECTIVE.

IMPRIMERIE DE Ve DONDEY-DUPRÉ,
Rue Saint-Louis, 46, au Marais.

TRAITÉ

DE

PERSPECTIVE

THÉORIQUE ET PRATIQUE,

DANS LEQUEL LES RÈGLES DU DESSIN D'APRÈS NATURE SONT
EXPOSÉES D'UNE MANIÈRE SIMPLE ET CLAIRE, ET MISES AINSI
A LA PORTÉE DE TOUTES LES INTELLIGENCES ;

PAR L. SALME,

Professeur de Dessin, auteur d'un *Traité élémentaire
de Perspective.*

(ŒUVRAGE ADOPTÉ PAR L'UNIVERSITÉ.)

PARIS,

CHEZ L'AUTEUR, RUE DE L'ÉCHIQUIER, N° 11 ;
HACHETTE, LIBRAIRE DE L'UNIVERSITÉ,
Rue Pierre-Sarrazin, n° 12 ;
CARILIAN, QUAI DES AUGUSTINS, N° 25 ;
CHEZ TOUS LES LIBRAIRES DE PARIS ET DES DÉPARTEMENS,
Et chez tous les Marchands d'Estampes.

1838

A

M. Pernot,

Peintre-Paysagiste.

Monsieur,

En mettant ce Traité de Perspective sous votre patronage éclairé, je rends un témoignage public de l'amitié et de la reconnaissance que je vous dois pour les conseils et les avis si généreux et si désintéressés que j'ai été puiser près de vous.

AVANT-PROPOS.

Dans un précédent ouvrage sur la perspective, nous avions exposé *en dix leçons*, et d'une manière élémentaire, les règles générales de cette importante partie du dessin d'après nature. L'accueil flatteur que le public a fait à ce petit ouvrage nous est un témoignage que le but et le plan en avaient été bien conçus.

Toutefois, nous avons reconnu que, malgré sa forme élémentaire, ce livre ne pouvait pas s'adresser à tous ceux que le désir porterait à l'étude du dessin, et qu'une partie essentielle, la partie *pratique* et d'*application*, n'y occupait pas une assez grande place.

Dans cette conviction, et éclairés par l'expérience et par une étude constante du paysage, nous offrons au public un nouvel ouvrage sur la perspective, d'après un plan nouveau et qui répond au but qui vient d'être indiqué.

Ce nouveau traité, dans lequel les principes et les règles du dessin d'après nature, dépouillés de leurs formules trop scientifiques, ont été mises à la portée de tous, est composé de deux parties : la *théorie* et la *pratique*.

La théorie de la perspective occupe la première partie ; c'était une nécessité commandée par la nature même des choses ; il fallait débarrasser les principes des procédés de l'application, afin d'arriver à un énoncé clair et simple des règles. Cette première étude embrasse huit chapitres, qui traitent tant de la perspective *linéaire* que de la perspective *aérienne*, et dans lesquels se trouvent exposées les règles fondamentales relatives au dessin de toutes espèces de contours, ainsi qu'à la manière de mettre de l'harmonie entre les diverses parties d'un tableau par une distribution exacte des plans et des ombres.

Dans la partie *pratique* de l'ouvrage, dans laquelle on descend à l'application directe des règles exposées dans la première partie, on évite de rentrer dans l'énoncé des principes ; mais, pour ne pas nuire à la relation intime qui existe entre la théorie et l'application , on a eu soin d'indiquer par des renvois les différentes parties de l'ouvrage qu'il faudrait consulter en cas de doute ou d'incertitude sur l'application de quelques règles, ou sur l'emploi de tel ou tel procédé. D'ailleurs les figures nombreuses qui accompagnent l'ouvrage, et que l'auteur a gravées lui-même, seront un guide sûr qu'on retrouvera toujours entre la théorie et l'application, et qui, parlant à l'œil en même temps qu'à l'intelligence, viendra compléter la démonstration.

L'étude des arbres se recommande particulièrement comme la plus attrayante, quoiqu'en général elle ne laisse pas de présenter des difficultés ; mais on pourra les surmonter par un peu d'exercice, et au moyen des règles et des procédés que l'auteur a exposés avec soin sur cette étude intéressante.

Enfin, dans le but d'aplanir toute espèce de difficulté, et pour rendre palpable, en quelque sorte, l'application des règles de la perspective, l'auteur a dessiné lui-même des sites d'après nature (*Cahier de dix croquis*), accompagnés chacun d'un texte dans lequel il explique le lieu où a été pris chaque croquis, la position qu'occupait le dessinateur, les moyens et les différens procédés qui ont été mis en usage : cette étude, on le comprend facilement, en transportant le dessinateur au lieu même où s'est placé l'auteur, en présence de la nature et avec le dessin sous les yeux, donnera, en même temps que le précepte, des moyens d'application et de vérification qui ne tromperont pas ; car c'est toujours la nature qu'il faut copier quand on veut être dans le vrai, parce qu'elle seule est le modèle vrai.

En résumé, éloigner des règles de la perspective le langage des sciences abstraites, qu'on trouve dans les ouvrages de ce genre, pour les exposer d'une manière simple et méthodique; puis joindre l'enseignement des procédés d'application à la théorie, pour arriver au dessin de toute espèce de paysage; tel est le but que s'est proposé l'auteur.

NOTIONS PRÉLIMINAIRES.

1. 1° Une ligne droite est appelée *horizontale* quand elle a la position qu'aurait une règle couchée sur la surface d'une eau tranquille (fig. 1); elle est *verticale*, si elle a la direction d'un fil à plomb (c'est-à-dire tendu au moyen d'un plomb à l'air libre) (fig. 2); elle est *oblique* toutes les fois qu'elle n'est ni horizontale ni verticale (fig. 3).

2° Une ligne droite est dite *perpendiculaire* sur une autre ligne droite, quand elle rencontre celle-ci, ou la rencontrerait si elle venait à être prolongée, sans pencher ni d'un côté ni de l'autre par rapport à elle. La seconde ligne est elle-même perpendiculaire sur la première (fig. 4).

Une horizontale et une verticale qui se renrontrent sont toujours perpendiculaires l'une sur l'autre (fig. 5).

3° Quand une ligne n'est ni droite ni composée de lignes droites, elle est *courbe*. Nous distinguerons principalement la ligne courbe qu'on appelle *circonférence du cercle*, et l'*ovale*. La circonférence d'un cercle est une courbe dont tous les points sont à égale distance d'un point intérieur nommé *centre*; l'espace renfermé par la courbe se nomme *cercles* (fig. 6); l'ovale est un cercle allongé (fig. 7).

On appelle *diamètre* d'un cercle une ligne **AB** (fig. 6), qui passe par le centre; et *rayon*, celle qui part du centre et se termine à la circonférence, comme **CD**. Une portion de la circonférence, telle que **AFD** est un *arc*, et la ligne **AD** est la *corde* de l'arc. Un cercle est tangent à une ligne quand il n'a qu'un point commun avec elle; on dit aussi que la ligne est tangente au cercle; telle est la ligne **KL**.

4° Deux lignes sont *parallèles* quand, se dirigeant dans le même sens, elles se trouvent partout à égale distance l'une de l'autre (fig. 8).

5° On appelle *angle* l'espace dont s'écartent deux lignes qui se rencontrent : la grandeur de l'angle dépend uniquement de l'écartement de ces lignes et non de leur longueur; celles-ci sont les côtés de l'angle. Ainsi (fig. 9), les angles **ABC** et **DEF** sont égaux, quoique les côtés soient très-inégaux (1). On appelle *angle droit* celui qui est formé par deux lignes perpendiculaires entre elles (fig. 4). L'angle

---

(1) On emploie ordinairement trois lettres pour désigner un angle, en mettant au milieu celle qui est à la rencontre des lignes. Ce point de rencontre se nomme *sommet*.

est *aigu* quand il est plus petit qu'un angle droit (fig. 10); il est *obtus* quand il est plus grand que l'angle droit (fig. 11).

Un angle droit vaut 90 degrés, c'est-à-dire que si l'angle avait son sommet au centre d'un cercle, ses côtés comprendraient, sur la circonférence, 90 parties ou le quart des 360 parties dans lesquelles la circonférence entière d'un cercle est divisée. Ainsi on peut avoir la mesure ou la grandeur d'un angle, en comptant le nombre de degrés que comprennent entre eux les côtés, quand on place le sommet de cet angle au centre d'un cercle quelconque, dont on a divisé la circonférence en 360 parties égales. On saura donc ce que c'est qu'un angle de 90, de 45 degrés, etc., qu'on indique ainsi: 90°, 45°, etc. (fig. 12).

6° Un *plan* est une surface telle, que si on y applique une règle bien dressée, dans une direction quelconque, celle-ci touche le plan sans interruption. La surface d'une glace, d'un marbre poli, d'une feuille de papier bien etendue, etc., représentent un plan. On conçoit que la direction d'un plan, ainsi que son étendue, peuvent varier, dans l'espace, d'une infinité de manières. On lui assigne souvent des limites, ainsi que nous le verrons bientôt, et il prend un nom particulier pour chaque forme de son contour.

Les plans peuvent être rencontrés par des

lignes ou par d'autres plans , ce qui forme des angles ; ces angles varient comme ceux qui sont faits par des lignes. Ainsi, un fil à plomb qui rencontre la surface d'une eau tranquille fait avec cette surface des angles droits. Les murs d'un appartement bien carré présentent des angles droits formés par des plans entre eux. On peut , en ouvrant un livre plus ou moins, représenter tous les angles possibles de deux plans qui se coupent. L'étude de la perspective nous offrira à chaque instant de pareils exemples.

On dit que des lignes sont *parallèles à un plan*, et que des plans sont *parallèles entre eux*, lorsqu'en les prolongeant comme on voudra, ces lignes et ces plans se trouvent toujours à la même distance. Ainsi, une ligne horizontale est toujours parallèle à la surface d'une eau tranquille ; le plafond et le parquet d'un appartement présentent des plans parallèles, etc. Ces cas se rencontrent souvent dans la nature.

7° Les plans limités de toutes parts par des lignes droites se nomment *polygones*. Ceux qu'on rencontre le plus souvent sont le *triangle* (fig. 13), qui a trois côtés ; le quadrilatère, qui en a quatre. Parmi les quadrilatères on distingue le *carré* (fig. 14), qui a quatre angles droits et quatre côtés égaux ; le *carré long* (fig. 15) ou *rectangle*, dont les quatre angles sont droits sans que les quatre côtés soient égaux ; le *losange* (fig. 16), dont les quatre côtés sont égaux, sans que les angles soient droits ; le *pentagone* (fig. 17), qui a cinq côtés ; l'*hexagone* (fig. 18), qui a six côtés ; l'*octogone* (fig. 19), qui en a huit. Ces polygones sont appelés *réguliers* quand ils ont tous leurs angles et tous leurs côtés égaux, et *irréguliers*, dans le cas contraire.

8° On nomme *diagonale* une ligne qui traverse un polygone et s'arrête à deux angles, comme AC dans les polygones de la fig. 20. Une *sécante* ou *transversale* est une ligne qui coupe un polygone sans se terminer à son contour.

9° On dit qu'un polygone est *inscrit* dans un cercle lorsque ce polygone, étant intérieur au cercle, a tous ses sommets sur la circonférence (fig. 21). Le cercle est inscrit dans le polygone, s'il est intérieur à ce dernier et touche en un seul point chacun de ses côtés ; on dit aussi que le polygone est circonscrit au cercle (fig. 21 *bis*).

10° On appelle *rayon visuel*, en perspective, une ligne droite qu'on imagine tirée du centre de l'œil à l'objet qu'on regarde.

Dans les notions qui précèdent et qui sont indispensables pour l'intelligence de la perspective, nous avons omis tout ce qui ne devait pas avoir d'application dans le cours de cet ouvrage.

Le plus souvent il faudra supposer les lignes

ou les plans prolongés pour reconnaître leur position réciproque. Ainsi, quand on dit qu'une façade de bâtiment est perpendiculaire au tableau, on suppose que cette façade se prolonge jusqu'au tableau, qui devra lui-même être regardé le plus souvent comme agrandi dans ses dimensions.

PREMIÈRE PARTIE.

THÉORIE DE LA PERSPECTIVE.

CHAPITRE PREMIER.

Définitions. — Détermination de l'horizon et du point de vue. — Déterminations des règles fondamentales de la perspective linéaire.—Conditions nécessaires pour l'étude des règles de la perspective.

2. La *perspective* est l'apparence des objets tels qu'ils se présentent à l'œil ; elle se divise en perspective *linéaire* et en perspective *aérienne*. Quand, en dessinant, on ne considère que les contours des objets, on fait leur perspective linéaire ; quand on leur donne le ton, les couleurs, les ombres et tout ce qui fait reconnaître la place qu'ils occupent dans la nature, on s'occupe de la perspective aérienne.

L'expression *mettre un objet en perspective* signifie dessiner ses contours sur un plan, tels que l'œil les voit dans la nature. Bien entendu que les dimensions peuvent être modifiées à volonté, soit en plus, soit en moins, pourvu que les mêmes rapports existent partout entre elles.

Nous nous occuperons principalement, et d'abord, de la *perspective linéaire,* dont les règles certaines et bien déterminées font l'objet des sept premiers chapitres; le huitième et dernier est consacré à la *perspective aérienne.*

3. Pour dessiner d'après nature, il faut d'abord déterminer, sur le plan où l'on doit travailler, l'espace que devra occuper ce qu'on se propose de dessiner. Cette manière de procéder n'est pas pourtant sans exception; quand on est exercé, et pour certains paysages, on peut ne donner de limites au tableau qu'après avoir jugé de son ensemble et de l'effet qu'il produit.

La forme du cadre à donner au tableau peut être variée à volonté; cependant un paysage sera toujours plus gracieux dans un cadre de la forme d'un rectangle.

Supposons donc que le cadre soit ainsi que le représente la fig. 22; on appellera *ligne de terre* la ligne **AB**, *horizon* la ligne **CD**, qui est le plus souvent, dans les paysages, un peu plus bas que la moitié de la hauteur du tableau; cependant il varie de position selon la situation du dessinateur, comme nous le verrons par la suite.

Dans les tableaux d'histoire, dans les portraits et les tableaux de genre, on place l'horizon à la hauteur de la poitrine des personnages supposés debout sur la ligne de terre. L'horizon, dans un tableau quelconque, est une ligne fictive placée dans toute sa longueur, à la hauteur de l'œil du dessinateur, quand il regarde l'ensemble des objets qu'il dessine.

4. Pour faire l'application des principes de la perspective, on devra toujours supposer le tableau dans une position verticale, et placé de manière que l'horizon soit à la hauteur de l'œil et que le rayon visuel perpendiculaire au tableau vienne percer le milieu de cet horizon.

5. Quand on veut apercevoir le tableau tout entier d'un seul coup d'œil, sans être obligé de tourner la tête, il faut s'en éloigner au moins d'une *distance égale à deux fois* sa plus grande dimension. De même, pour dessiner d'après nature, il faut s'éloigner du site que l'on veut dessiner de deux fois au moins la *largeur* du terrain, à partir de la première ligne d'objets parallèles au plan du cadre vertical et que l'on veut faire entrer dans le tableau; c'est là un principe général qu'il ne faut jamais perdre de vue. Ainsi, pour dessiner un paysage (fig. 23) dont le commencement, c'est-à-dire ce qui repose sur la ligne de terre du tableau, serait l'entrée d'une allée d'arbres, il faudra s'éloigner des deux premiers arbres de deux fois au moins la largeur de l'allée. De

  TRAITÉ DE PERSPECTIVE.

même, pour représenter un intérieur, la partie la plus rapprochée à dessiner ne devra pas être éloignée du dessinateur de moins de deux fois la largeur ou la hauteur de cet intérieur. Cependant on s'écarte de cette règle et on sacrifie quelque chose de l'harmonie d'ensemble à l'avantage de faire entrer dans le tableau des objets importans et d'agréable apparence.

6. Supposons maintenant qu'il s'agisse de dessiner un paysage d'après nature, et que la campagne où l'on veut le prendre soit telle que l'indique la figure 24. Pour plus de simplicité et pour faciliter l'intelligence, supposons aussi que le tableau sur lequel on veut dessiner soit transparent. Plaçons le cadre verticalement devant l'œil, en le tenant à une distance telle que tous les objets que nous voulons dessiner se trouvent renfermés exactement dans son intérieur ; l'horizon **AB** étant déterminé, le milieu **P** sera un point central (appelé *point de vue*), correspondant au rayon visuel (voyez plus haut n° 3) ; il sera, dans tous les tableaux, placé sur l'horizon. Si, en maintenant le cadre dans cette position, nous marquions avec un crayon les contours des objets tels que l'œil les voit se dessiner sur la surface transparente du tableau, nous aurions exactement le dessin de leur perspective ; nous aurions calqué la nature.

Cela fait, comparons la position de chaque

ligne dans le tableau avec la position de chaque ligne correspondante dans la nature (chose que nous supposons possible dans ce cas), et nous trouverons qu'on peut établir les règles suivantes :

1° *Toutes les faces qui sont parallèles au tableau ont, dans le dessin, toutes leurs parties dans les mêmes rapports que ceux qui existent dans la nature.*

2° *Toutes les lignes non parallèles au tableau, mais parallèles entre elles, concourent toujours à un même point en perspective.*

3° *Toutes les lignes horizontales parallèles entre elles, dont les prolongemens perceraient le tableau en faisant des angles droits, se dirigent au point de vue.*

4° *Toutes les horizontales, faisant avec le tableau des angles plus petits ou plus grands que des angles droits, se dirigent à d'autres points de l'horizon ; et enfin les lignes ni horizontales, ni parallèles au tableau, se dirigent à des points, les uns au-dessus, les autres au-dessous de l'horizon* (1).

7. Le point de vue, dans un tableau, est très-important à déterminer tout d'abord ; c'est comme le point de mire pour l'œil, toutes les

____

(1) Il est d'ailleurs évident que tous les objets diminuent en tous sens, suivant qu'ils sont plus éloignés du dessinateur.

fois que le dessinateur veut considérer l'ensemble de son travail. On aperçoit déjà que le point de vue occupera généralement le milieu de l'horizon, comme nous l'avons déjà fait remarquer.

Étudions d'abord le petit nombre de règles de la perspective, telles que nous venons de les établir, dans le cas particulier d'un tableau rectangulaire, où l'horizon sera à la hauteur indiquée au n° 3, le point de vue au milieu de cet horizon. et où nous représenterons les objets de la manière la plus favorable pour faire l'application de ces règles. Nous supposerons de plus que nous connaissons la mesure, en pieds ou en mètres, des objets et du terrain ; le tableau sera aussi considéré dans la position désignée au n° 4. On comprendra aisément, après cette étude, les modifications qui seront les conséquences nécessaires de la position variable où pourra se trouver le dessinateur.

CHAPITRE II.

LIGNES DROITES.

Perspective des lignes et surfaces parallèles au plan du tablau. — Échelle de proportion et son application.

8. Pour faire l'application de la première règle de la perspective, telle que nous l'avons établie au n° 6 : *Toutes les faces parallèles au plan du tableau ont, dans le dessin, toutes leurs parties dans les mêmes rapports que ceux qui existent dans la nature,* nous avons besoin de faire usage d'un genre de mesure qu'on nomme *échelle de proportion.* Cette mesure, ou plutôt cet instrument, que le dessinateur construit lui-même à chaque tableau, devient pour lui la plus précieuse des ressources, et lui facilite beaucoup le travail.

On diminue presque toujours, dans le dessin des paysages, les dimensions des objets; on ne conserve en effet les dimensions naturelles que dans certains tableaux d'histoire, dans des portraits, et quelquefois dans le dessin de quelques études d'objets petits et isolés. Plus rarement encore on agrandit les dimensions; ce cas ne se présente que quand on doit placer le tableau à une grande distance du spectateur, ou quand on veut faire ressortir des formes d'objets microscopiques.

9. Supposons donc qu'il faille dessiner dans de petites dimensions la façade d'un édifice (fig. 25) placé d'abord sur le devant du tableau. Sa base *ab* reposera sur la ligne de terre (position qu'on ne lui donnerait certainement pas si l'on voulait faire un paysage). Puis, prenant la ligne de terre pour construire l'échelle de proportion (c'est ce qu'on fait d'ailleurs habituellement), partageons cette ligne en un certain nombre de parties égales, en 16 par exemple, chose facile par des subdivisions en deux de chaque partie. Si chaque partie représente une longueur de terrain de 4 mètres, toute la ligne de terre représentera 64 mètres ; on pourra encore partager en 4 et même en 8 une des 16 parties, ce qui donnera la valeur d'un demi-mètre de terrain. Or, si la base *ab* de l'édifice a 20 mètres de longueur, on lui donnera, dans le tableau, cinq divisions, et si sa hauteur jusqu'à la gouttière est de 24 mètres, elle aura, dans le tableau, six divisions. Connaissant également la mesure des fenêtres, de la porte, etc., on les tracera exactement au moyen des parties de l'échelle.

Il est nécessaire de remarquer qu'il faudra conserver les mêmes proportions à toutes les parties de la face de l'édifice, quelle que soit leur distance pour l'œil du dessinateur. On donnera, par exemple, aux fenêtres des étages supérieurs la même grandeur qu'à celles du rez-de-chaussée, si cette égalité existe dans la nature. On devra, pour la même raison, dessiner aussi grand un homme placé soit au sommet, soit au pied d'une tour. Cette règle, malgré ce qu'elle peut présenter d'extraordinaire au premier aperçu, est facile à comprendre. En effet le tableau présente à l'œil chacun des objets dans des situations exactement semblables à celles que présente la nature; seulement tout est plus petit dans le tableau. Ainsi, quand l'œil observe le tableau (n° 5), les fenêtres supérieures sont, comme dans la nature, plus éloignées pour lui que celles qui sont voisines du point de vue P, qui est le point le plus près. De même, quand on regarde une tour à la distance voulue (V. n° 5), le sommet se trouve, aussi bien dans le tableau que dans la nature, plus éloigné de l'œil que le pied. Il sera facile d'ailleurs de se convaincre de cette vérité en en faisant l'observation dans la nature.

Dans tout autre cas, et au moyen de l'échelle de proportion, il sera toujours facile de dessiner toutes les parties des objets placés sur le devant du tableau, pourvu qu'on connaisse les dimensions de chacune de ces parties (1).

____

(1) Nous verrons plus tard comment on procède quand

10. Examinons maintenant comment on devra se servir de l'échelle de proportion, lorsque les objets à dessiner ne seront plus sur la
ligne de terre.

Pour trouver, par exemple, les dimensions du
même édifice, placé à une distance plus grande
du dessinateur (fig. 26), un des moyens les plus
simples sera de transporter l'échelle au lieu
même où se trouve l'édifice : pour cela il suffira de tirer une horizontale MN, parallèle à la
ligne de terre, passant par la base de la maison. Si on prend ensuite un point quelconque
sur l'horizon (et le plus commode sera celui
de l'extrémité D), et que l'on conduise une
ligne à ce point, à partir de chaque division
de la première échelle, ces lignes partageront
l'horizontale MN en parties égales, qui seront
les correspondans des parties de la ligne de
terre, et formeront ainsi la nouvelle échelle,
dont on se servira comme de la première. On
aura de cette manière l'échelle pour tous les
lieux situés depuis la ligne de terre jusqu'à
l'horizon, en menant des horizontales à chaque
lieu, comme celle MN. L'édifice se réduirait
ainsi à un point, s'il s'éloignait jusqu'à l'horizon, et il en serait de même de tout autre objet, fût-il assez grand pour occuper tout le

---

on ne connaît pas les dimensions des objets à dessiner.
(Voy. *Perspective pratique.*)

tableau, s'il se trouvait sur la ligne de terre.

Cet exemple peut suffire pour indiquer, quels que soient les objets à dessiner, comment on déterminera leurs dimensions dans le tableau, pourvu que l'on connaisse le lieu qu'ils occupent dans la nature (1).

11. Toutefois, quand on dessine d'après nature, comme le plus souvent on ne peut mesurer les dimensions des objets, ou qu'on ne croit pas devoir en prendre la peine, on se sert de mesures approximatives, en prenant pour terme de comparaison un objet dont les dimensions sont généralement connues, telle que la grandeur d'un homme. C'est dans la deuxième partie de ce Traité qu'on trouvera la manière de dessiner d'après nature, quand on ne veut qu'une exactitude approchée.

---

(1) On verra dans le chapitre suivant comment on dé-termine la place que chaque objet doit occuper dans le tableau. (Voy. n° 16.)

CHAPITRE III.

Perspective des lignes horizontales perpendiculaires au tableau.—Perspective d'un carré horizontal Plan géométral. — Points de distance ; leur usage et leur changement de position.— Perspective des carrés verticaux. — Dessin d'une allée d'arbres. — Dessin d'une tour carrée.—Dessin d'une fabrique.—Trouver la place, dans le tableau, d'un point déterminé dans la nature. — Applications variées des règles précédentes.

12. La deuxième règle (V. n° 6) : *Toutes les lignes non parallèles au tableau, mais parallèles entre elles, semblent toujours concourir à un même point,* trouve sa vérification par la simple observation et dans les principes d'optique. Il nous suffit ici de l'énoncer, sans entrer dans aucun développement.

Nous nous occuperons donc, dans ce chapitre, du principe important posé dans la troisième règle : *Toutes les lignes horizontales parallèles entre elles, et dont les prolongemens viendraient percer le tableau en faisant des angles droits, se dirigent au point de vue.* Nous devons faire la remarque que ces lignes sont toutes parallèles au rayon visuel du point de vue.

Ce principe comprend non seulement la direction des lignes, mais il doit nous conduire à chercher de quelle manière ces lignes diminuent en longueur. Il est évident pour toute personne qu'une façade d'édifice, par exemple, vue de côté, paraît à l'œil occuper sur le terrain un espace plus petit que celui qu'elle occupe réellement dans la nature.

Pour bien établir les règles de perspective de ces lignes fuyantes, il faut en étudier le principe sur la figure la plus simple ; cette figure sera un carré horizontal, ayant un côté parallèle au plan du tableau, et qui formera comme le tracé des fondations d'une tour carrée, que nous élèverons plus tard sur cette base (V. n° 16).

Pour faciliter l'intelligence, nous ferons deux figures, l'une présentant le carré sans perspective et placé comme il l'est sur le terrain ; c'est ce qu'on appelle en donner le *plan géométral,* tel que ceux qu'on fait dans le cadastre ; l'autre figure sera la perspective de la première, soit donc (fig. 27) le plan géométral d'un carré $a'b'c'd'$, qu'il s'agit de mettre en perspective (1). Le tableau étant représenté par un rectangle (fig. 28), supposons que le côté $a'b'$ du carré doive être dessiné au milieu du tableau et à la distance voulue pour

---

(1) Nous conserverons autant que possible les mêmes lettres et à la même place dans les figures où se trouvent les mêmes objets.

qu'il se trouve sur le devant ; on le tracera par le moyen donné au n° 9 , après avoir fait l'échelle de proportion. Soit donc *ab* ce côté dans le tableau : nous savons déjà que les deux côtés *a'd' b'c'* (fig. 27) se dirigeront au point P (1), comme *a*P et *b*P (fig. 28) ; mais il s'agit de déterminer quelle longueur ils occuperont sur ces directions. Voici le tracé qui donnera exactement cette longueur. Prenons sur l'horizon prolongé du tableau deux points V et V', distans l'un et l'autre de P de deux fois la longueur horizontale du tableau ; ces points se nomment *points de distance*. Tirons la ligne *a*V et la ligne *b*V', ces deux lignes couperont les directions *a*P et *b*P, précisément à l'endroit où devra se terminer le carré que nous mettons en perspective : par conséquent, en menant la ligne *cd*, nous aurons, pour la perspective de ce carré, la figure *abcd*. Ce tracé serait aussi facile si le carré ne se trouvait pas au milieu du tableau (fig. 29) ; seulement sa perspective changerait de forme.

On reconnaît aisément que les lignes *a*V et *b*V' sont des diagonales.

Il est très-important de placer les points de distance en commençant le dessin ; ils ont une

---

(1) La lettre **P**, dans toutes les figures, indique le point de vue.

corrélation intime avec le point de vue, et , d'accord avec lui, ils servent à déterminer le lieu qu'occupent certains objets placés à différentes distances du dessinateur. Nous verrons bientôt des applications qui rendront plus sensible cette vérité.

13. Nous avons placé les points de distance au lieu qui leur est assigné par la direction même des diagonales (1) ; mais on conçoit que la chose ne serait pas praticable de cette manière, lorsqu'on travaillera sur un grand tableau, ou même dans un cadre qui ne présentera

---

(1) Pour démontrer que les points de distance doivent être éloignés du point de vue de deux fois la longueur horizontale du tableau, faisons (fig. 31) un plan géométral dans lequel nous supposerons représenté tout le terrain vu en perspective dans le tableau, et qui prendra nécessairement la forme indiquée par la figure. Le carré occupera une place telle que *abcd;* l'horizon *oo'* sera à l'extrémité supérieure du plan. Le dessinateur se placera au point *k*, c'est-à-dire à une distance de l'horizon de deux fois la longueur *oo'*, selon la règle établie au n° 5. Maintenant tirons la diagonale *ac*, en la prolongeant jusqu'à l'horizon : c'est la ligne qui doit se diriger en perspective au point de distance V; menons également la ligne *k*V. qui pourra être considérée comme un rayon visuel partant de l'œil du dessinateur, et faisant avec le tableau un angle de 45°. Ce rayon visuel est par conséquent parallèle à la diagonale *ac*. Or, dans cette position, le point V est un véritable point de vue pour le dessinateur, et toutes les lignes parallèles à son rayon visuel *k*V doivent se diriger en perspective au point V; donc toutes les diagonales telles que *ac* concourent à ce point V : c'est ce qu'il fallait démontrer.

pas autour de lui l'espace convenable pour placer ces points. Dans ce cas, on devra changer le tracé de la figure 28, et mettre les points de distance à chaque extrémité *oo'* de l'horizon (fig. 30), ce qui revient à ne les éloigner du point de vue que du quart de la distance voulue. Cette nouvelle disposition ne changera pas le dessin, si en même temps on déplace le point de départ de la diagonale, et qu'au lieu de faire partir cette ligne du point *a* ou *b*, on la fasse commencer aux points *a'* ou *b'*; c'est-à-dire qu'on met *a* à un quart de la distance de *b* en *a* et *b'* à un quart de la distance de *a* en *b*.—On voit par le dessin que le tracé du carré en perspective est parfaitement le même que celui de la fig. 28 (1). C'est ainsi dorénavant que nous placerons les points de distance.

14. S'il s'agissait de mettre en perspective des carrés verticaux, on dessinerait d'abord le côté vertical le plus près du spectateur, *ab* par exemple (fig. 33), et on ferait le dessin d'un

---

(1) Cette construction est rendue plus sensible par la fig. 32. En effet, on voit que la ligne *ab* et la ligne *cd* se trouvent partagées de la même manière, mais en sens inverse, par les lignes qui passent toutes au point *o;* ce qui démontre qu'en prenant, par exemple, *bx*, égal au tiers de *ba*, *cy* sera le tiers de *cd*, et ainsi des autres; donc on peut indifféremment se servir de *xy*, ou de *ad*, ou de *cb*, pour déterminer le point *o* sur la ligne *k*P.

carré horizontal de même grandeur au pied de cette verticale, comme *adef*; on élèverait en- suite la verticale *dc* jusqu'à la rencontre de *b*P, et on aurait ainsi la perspective *abcd* du carré vertical.

C'est dans cette position que se présentent, dans les édifices, les faces fuyantes vers le point de vue.

15. Après avoir appris de cette manière à dessiner en perspective un carré horizontal et vertical dont les deux côtés sont perpendicu- laires au tableau, on a les données suffisantes pour dessiner une allée d'arbres, plantés ré- gulièrement, tous à égale distance, et de ma- nière qu'on puisse toujours former des carrés en réunissant ces arbres, quatre à quatre, par des lignes, c'est ce que représente le plan géo- métral (fig. 34). Les points noirs indiquent le lieu où chaque arbre est planté.

Pour mettre cette allée en perspective, pre- nons d'abord le cas le plus simple : supposons (fig. 35) que les deux premiers arbres soient sur la ligne de terre et à égale distance de chaque côté du rayon visuel, que nous repré- sentons ici par P*k*, ligne qu'on appelle ordi- nairement *verticale du tableau*. Alors, au moyen de l'échelle de proportion, on déter- minera 1° la place que doivent occuper les deux premiers arbres *a* et *b*; 2° la hauteur de chacun d'eux. — **On** trouvera facilement la place des deux autres arbres *c* et *d*, en faisant le même tracé que celui des figures 28 ou 30 (V. n° 13). La hauteur de ces deux derniers arbres, ainsi que celle de tous les autres, se trouve déterminée par les lignes qui partent de la cime des deux premiers, et qui vont au point de vue (nous supposons qu'ils sont tous de même hauteur).

Pour placer les deux arbres suivans *e* et *f*, on pourra se servir de la ligne *cd*, comme on s'est servi de *ab*, c'est-à-dire que prenant *c'* éloigné de *d* du quart de *adc*, et tirant la ligne *c'o*, celle-ci passera par *f*, pied du troisième arbre de la rangée *al'*, si on tire maintenant *fe* parallèle a *cd* ou à *ab*, on trouve l'arbre *e* sans autre tracé.

On aurait pu simplifier ainsi le tracé dès le commencement de l'opération, et tirer la ligne *cd* aussitôt après avoir trouvé le point *d*. Les deux arbres *gh* se détermineront de la même manière, et ainsi de suite. — Désormais, nous employerons cette méthode simplifiée dans tous les cas semblables.

On a dû remarquer que les arbres semblent se rapprocher les uns des autres, à mesure qu'ils s'éloignent de l'œil; les deux rangées se réduiraient en effet à un seul point, si l'allée se prolongeait jusqu'à l'horizon.

16. Nous pouvons maintenant nous occuper de la construction de la tour, sur la base carrée

que nous avons mise en perspective au n° 12.

Soit donc (fig. 36) *abcd* le carré mis en perspective, il est évident que si nous élevons les deux verticales *ae* et *bf*, d'après les mesures prises sur l'échelle, nous aurons tout ce qu'il faut pour achever le dessin de la tour. car il suffira de mener au point de vue les lignes *e*P et *f*P; d'élever l'autre verticale *g*; et, remarquant que la quatrième qui serait au point *d* ne doit pas être visible, il sera facile ensuite d'achever les détails de la tour.

On voit que nous avons eu soin de donner pour base de la tour un carré pris à côté de la verticale du tableau ; autrement, en effet, on n'aurait pu apercevoir que la face *abfe*.

17. Supposons maintenant qu'il s'agisse de représenter (fig. 37) une fabrique placée d'une manière semblable à celle de la tour que nous venons de dessiner, mais à une certaine distance de la ligne de terre, à 25 mètres, par exemple ; il faudra d'abord trouver dans le tableau le lieu que devra occuper la fabrique : pour cela, il suffira de déterminer un des angles (soit *d* cet angle). A cet effet il faudra tirer une verticale *ab*, qui occupera sensiblement la même place que la ligne de l'angle *d*, ligne qu'on peut trouver facilement par la comparaison de sa distance à la verticale du tableau. Puis, au moyen de l'échelle de proportion, on mettra en perspective un carré de 25 mètres

2

mnop, en le faisant reposer sur la ligne de terre et dans un endroit pris à volonté; la ligne *mn* du carré rencontrera la verticale *ab* au point *d*, qui sera le lieu que l'on cherche. Alors, en transportant (Voy. n° 10) l'échelle sur la ligne *mn*, il sera facile de dessiner la face de la fabrique parallèle au tableau. Pour prendre la *face fuyante*, on déterminera d'abord l'angle *c*; supposons que cette face fuyante ait dans la nature 36 mètres de longueur, on prendra sur l'échelle, à la droite de *d*, 9 mètres (quart de 36); on tirera ensuite une ligne qui ira à l'extrémité *v* de l'horizon, et qui donnera *c*, point d'intersection de la ligne *dp*. On voit comment le reste de la face fuyante sera dessiné. Les détails, les portes, les fenêtres, etc., se trouveront exactement, en prenant sur l'échelle, à la droite de *d*, le quart de leur distance dans la nature au point *d*, et en menant des lignes à l'extrémité *v* de l'horizon.

Ainsi se trouve résolue cette importante question : Trouver quel lieu occupera dans le tableau un objet placé à une distance connue de la ligne de terre ; car le point *d*, considéré isolément, peut être regardé comme un objet quelconque, placé dans un lieu quelconque, mais connu (1).

---

(1) Nous avons donné jusqu'ici d'une manière réelle les dimensions et les distances à la ligne de terre des objets

18. Au moyen des principes déjà exposés, on ne serait pas embarrassé pour dessiner certains objets, tels qu'une table (fig. 38), dont un côté *ab* serait parallèle au tableau ; un meuble placé semblablement (fig. 39), une balustrade (fig. 40), un dallage en pierres carrées (fig. 41). On remarque, dans cette dernière figure, qu'il a été tiré une diagonale allant au point de distance, et que c'est par la rencontre de cette ligne avec celles qui vont au point de vue, qu'on a déterminé toutes les horizontales parallèles à la ligne de terre ; celle-ci a été partagée en parties égales représentant les côtés des carrés.

---

que nous avons dessinés, afin de simplifier davantage l'exposé des règles de la perspective. Mais on comprend que celui qui dessine d'après nature ne possède pas ordinairement toutes ces données, et qu'il doit y suppléer par les moyens que nous avons déjà indiqués (voyez nº 11). Toutefois, il est incontestable que la connaissance des dimensions véritables des objets peut donner à l'artiste des moyens certains de mettre plus d'harmonie et de vérité dans tout l'ensemble de son tableau , et faire acquérir à son œil cette justesse d'appréciation qui lui fera toujours reconnaître l'exactitude du dessin des objets mis en perspective.

CHAPITRE IV.

Perspective des lignes horizontales non perpendiculaires au tableau. — Points accidentels horizontaux. — Faces fuyantes non perpendiculaires au tableau—Perspective des lignes non horizontales. — Points aériens et points évanouissans.—Dessin d'un escalier, d'une grille, etc.

19. Il nous reste à étudier les applications de la quatrième règle posée au n° 6, et dont la première partie peut s'énoncer de cette manière : *Toutes les lignes horizontales dont les prolongemens feraient avec le tableau des angles plus petits ou plus grands que des angles droits ne se dirigent plus, en perspective, au point de vue, mais elles se dirigent toujours à quelque point de l'horizon.*

Il est donc constant que tout ce qui est horizontal dans la nature aura dans le tableau une direction à l'horizon, ligne déterminée à l'avance, comme on l'a dit au n° 3.

On peut ranger toutes les différentes lignes comprises dans la règle précédente en deux classes : 1° celles qui font avec le tableau des angles de 45°; 2° celles qui font des angles plus petits ou plus grands que 45°. Ainsi se trouvent distribuées en quatre classes toutes les lignes horizontales possibles, dont les deux premières classes, à savoir les lignes parallèles au tableau (Voy. chap. II), et les perpendiculaires au tableau ont été examinées plus haut (chap. III).

20. *Lignes horizontales faisant avec le tableau des angles de 45°.* — Nous avons déjà vu (nᵒˢ 12 et 13) que les diagonales des carrés ayant un côté parallèle au tableau se dirigeaient, soit à droite, soit à gauche du point de vue, à deux points uniques appelés *points de distance*. Or, ces diagonales sont précisément des lignes de l'espèce que nous étudions. Ainsi (fig. 42), toutes les diagonales $a'b'$, $c'd'$ $e'f'$, etc., figurées dans un plan géométral, et qui partent de la ligne de terre, seront dessinées en perspective, comme l'indique la fig. 43, c'est-à-dire, qu'elles auront leur direction au point V. On voit qu'elles sont beaucoup moins raccourcies que celles qui se dirigent au point de vue.

21. Si on veut trouver sur ces lignes fuyantes le lieu que devront occuper les objets placés à diverses distances, il est facile d'apercevoir tout d'abord que les lignes qui se dirigent au point de vue suffiront pour résoudre cette question. Supposons, en effet (fig. 44). qu'un arbre soit placé à 20 mètres de la ligne de terre, sur la direction cV, en faisant la perspective d'un carré de 20 mètres reposant sur la ligne de terre, le côté mn rencontrera en n la ligne cV, et n sera le lieu de l'arbre. On

voit ainsi que les lignes du point de vue et celles des points de distance concourent mutuellement, comme nous l'avons déjà fait remarquer à la fin du n° 12, pour déterminer le lieu que doit occuper chacun des objets placés sur les unes ou sur les autres de ces lignes.

Dans ces tracés nous ne déplaçons pas les points de distance, comme nous l'avons fait aux n°° 13 et suivans, où les lignes qui s'y dirigeaient n'étaient que des moyens de construction, au lieu qu'ici les lignes sont des parties intégrantes du dessin, et doivent avoir leur direction au lieu même où la nature des choses exige que les points de distance soient placés (1).

22. *Lignes horizontales qui font avec le tableau des angles plus grands ou plus petits que 45°.*—Nous savons que ces lignes se dirigent en perspective vers l'horizon, et que toutes celles qui sont parallèles entre elles con-

____

(1) Il existe un moyen d'éviter l'inconvénient de l'éloignement des points de distance. Ce moyen consiste, par exemple, à supposer le contour du tableau plus petit de trois quarts. Alors les lignes se réduisant au quart de ce qu'elles étaient, les points de distance viennent, dans ce cas, se placer précisément à l'extrémité de l'horizon du tableau primitif; le point de départ des lignes qui s'y dirigent se trouve aussi rapproché de l'horizon de trois quarts, et ces lignes sont parallèles à celles qu'il s'agit de dessiner, ce qui suffit pour tracer ces dernières (fig. 45).

courent toujours à un même point. Les points de concours de ces sortes de lignes se nomment *points accidentels horizontaux*. Comme elles peuvent varier d'inclinaison à l'infini avec le plan du tableau, il suffira, pour établir les règles à suivre en pareil cas, d'étudier un seul exemple pris au hasard. Quand l'inclinaison des lignes changera, il n'y aura qu'à modifier le tracé suivant la position des lignes.

Supposons donc que les lignes fassent avec le tableau un angle plus grand que 45°; dans ce cas, elles concourront à un point de l'horizon placé entre le point de vue et les points de distance (si elles faisaient un angle plus petit, le point de concours serait au-delà des points de distance).

Le point accidentel devra être placé entre le point de vue **P** et un point de distance **V** (fig. 46); on le déterminera en faisant un carré géométral quelconque $a'b'c'd'$ (fig. 46); ensuite par l'angle a' tirant la ligne $a'o'$, qui fait avec $a'b'$ le même angle aigu que la ligne dans la nature fait avec le tableau, on aura $c'd'$ coupé en o' dans la même proportion que le sera sur l'horizon du tableau la distance du point de vue **P** au point de distance **V**. Supposons que $o'c'$ soit le tiers de $c'd'$, on prendra de **V** en **P** le tiers de **PV**, et la ligne ao sera la perspective de $a'o'$, et o le point accidentel cherché. Ainsi, dans la nature, toutes les lignes parallèles à la ligne *ao* auront leur apparence dirigée au point *o*.

On détermine le point de départ d'une ligne par les moyens indiqués au n° 17, et à l'aide desquels on trouve en général un point quelconque sur le tableau.

23. Pour placer exactement les détails sur une face fuyante, allant à un point accidentel, tels que des portes, des fenêtres dans une façade d'édifice, le moyen serait de prendre d'abord le lieu de chacun de ces détails sur une ligne se dirigeant au point de vue, et de mener des parallèles à la ligne de terre par ces lieux déterminés. De cette manière, la place cherchée sur la face fuyante serait indiquée à la rencontre de cette face par les parallèles. Ainsi (fig. 47), après avoir trouvé les points *a'b'c'* sur la ligne *o'P*, on tire les lignes *aa'*, *bb'*, *cc'*, qui donnent la place de la porte, des fenêtres, sur la face fuyante (Nous supposons toujours que l'on connaît les distances sur le terrain).

On rencontre souvent, quand on dessine des paysages d'après nature, des exemples de lignes et de faces se dirigeant de cette manière à des points accidentels. La connaissance des règles pour dessiner exactement ces lignes sera d'un grand secours pour le paysagiste, qui se contente généralement de moyens d'approximation assez incertains (Voy. *Perspective pratique*).

24. La deuxième partie de la quatrième règle donnée au n° 6 est ainsi conçue : *Les lignes ni horizontales ni parallèles au tableau se dirigent à des points les uns au-dessus, les autres au-dessous de l'horizon.* — Ces lignes, dans la nature, sont inclinées comme les rangées de tuiles d'un toit, ou comme la rampe d'un escalier.

Lorsque le spectateur se trouve plus près de la partie inférieure des lignes que de la partie supérieure, ces lignes se dirigent à des points placés au-dessus de l'horizon; dans le cas contraire, elles se dirigent à des points situés au-dessous : les premiers se nomment *points aériens*, les derniers *points évanouissans*.

25. Un exemple suffira pour indiquer les moyens de déterminer un point aérien quelconque. Supposons qu'on ait à représenter (fig. 48) une rampe d'escalier. On détermine d'abord le point *a,* puis le point *d* éloigné de *a* de 2 mètres, par exemple; on élève la verticale *ab,* qui est de 1 mètre; par le point *a*, on dessine la perspective d'une ligne horizontale *ao,* qui est dans le même plan vertical que la rampe *bc.* La ligne *ao* peut être regardée comme le côté de la base de l'escalier, posée horizontalement; on pourra toujours imaginer cette ligne, quand même elle n'existerait pas

2*

dans la nature. Cette ligne, ainsi que ses parallèles, auront leur apparence à un point quelconque de l'horizon, que l'on determinera facilement d'après les règles que nous avons données. Supposons qu'elle se dirige au point accidentel x.

Après avoir déterminé le point o sur la ligne ax, on élèvera à ce point une verticale de la hauteur de la rampe, au-dessus du niveau de la terre. Supposons que cette hauteur soit ici de 3 mètres, et se termine en c; en joignant les points b et c, on aura la direction de la rampe; et le point de concours de toutes les lignes parallèles à bc sera le point o', où bc prolongé rencontre la verticale élevé au point accidentel x: le point *aérien* est o'. L'autre rampe gh se dirigera donc aussi au point o' ainsi que df et ai.

Dans toutes les positions où l'on rencontrera l'oblique bc, on pourra faire usage de la construction précédente; car on pourra toujours déterminer une ligne comme ao, ensuite élever deux verticales d'une hauteur donnée, comme ab et oc, et joindre leurs extrémités b et c.

26. Le point *évanouissant* est au-dessous de l'horizon; on suivra, pour le trouver, à peu près les mêmes tracés que pour déterminer le point aérien.

En effet, supposons qu'il faille dessiner en

perspective (fig. 49) une grille de jardin établie sur la pente d'un coteau : la ligne bc, qui est le haut de la grille et qui s'abaisse en s'éloignant, fuira vers un point o'; c'est le point évanouissant; il est, comme le point aérien, la rencontre de bc prolongé avec la verticale xo', abaissée sous le point x : c'est la même construction renversée.

27. La direction de ces lignes étant trouvée, il reste à y déterminer des distances perspectives. Si l'on veut, par exemple, trouver la place d'une verticale éloignée de 4 mètres de la ligne ab (fig. 48), on devra d'abord chercher cette distance sur ax, d'après les règles données au n° 23. Soit n le point éloigné de 4 mètres du point a, une verticale élevée à ce point n, jusqu'à la rencontre de bc, sera la ligne cherchée.

CHAPITRE V.

LIGNES COURBES.

Perspective du cercle, d'une ligne courbe quelconque, de la sphère.—Dessin de la tête.

28. La circonférence du cercle est la ligne courbe dont nous devons principalement nous occuper. Pour ranger les diverses positions de cette ligne courbe dans un ordre analogue à celui que nous avons suivi pour les lignes droites, nous considérerons 1° un cercle parallèle au tableau; 2° horizontal et vertical; 3° oblique sur le plan du tableau.

1° Quand le cercle est parallèle au plan du tableau, il conserve dans le dessin sa forme géométrale. Tout ce qui a été dit dans le chapitre deuxième prouve cette proposition, et peut servir à donner les dimensions de ces cercles, dans quelque lieu qu'on les suppose placés. Pour décrire un cercle, il suffit de connaitre la longueur de son rayon ou de son diamètre; on cherchera donc d'abord à déterminer l'une de ces deux lignes. La figure 50 représente un même cercle situé à diverses distances du spectateur.

2° Quand le cercle est horizontal ou vertical, il prend, en perspective, une forme plus ou moins allongée. On arrive assez exactement à tracer sa perspective en l'inscrivant dans un carré, d'abord géométralement, puis en mettant le carré en perspective.

Pour fixer les idées, supposons qu'on ait à dessiner un cercle *horizontal,* et qu'on ait fait (fig. 51) le plan géométral de ce cercle inscrit dans un carré, qu'on ait mené les deux diagonales $a'c'$ et $b'd'$, on remarquera que le cercle est coupé en quatre points par ces diagonales, qui, avec les quatre autres points tangens au carré, donnent huit points dont la détermination suffira pour qu'on puisse tracer le cercle avec une exactitude assez complète. Chacun des points d'intersection du cercle par les diagonales ne pouvant être déterminé en perspective que par la rencontre de deux lignes, on a dû tirer les deux droites $e'f'$ et $g'h'$. Or, en mettant le carré en perspective, et en lui donnant de préférence une position telle que les côtés ad et bc se dirigent au point de vue, on pourra déterminer d'abord la perspective des diagonales ac et bd (fig. 52) (1); puis celle des lignes ef et gh. Les points où la circonférence est coupée par les diagonales étant

---

(1) C'est la position dans laquelle on met plus facilement un carré en perspective.

ainsi déterminés, et les quatre points tangens, qui sont en même temps le milieu des côtés du carré, étant de même connus, on décrira la courbe, et on obtiendra ainsi la *perspective du cercle*.

S'il s'agissait d'un cercle *vertical*, les constructions des lignes seraient tout-à-fait semblables, seulement les côtés du carré parallèles au tableau seraient verticaux.

Quant au dessin de la perspective du carré, on suivrait d'ailleurs la marche indiquée au n° 14. — La figure 53 donne la perspective de divers cercles horizontaux et verticaux.

Quand un cercle horizontal est dans le plan où se trouve le rayon visuel du point de vue, il ne présente plus qu'une ligne droite qui se confond avec l'horizon. S'il était vertical, et dans le plan vertical passant par le rayon visuel du point de vue, il ne présenterait plus également qu'une ligne droite verticale.

La perspective des cercles horizontaux trouve son application dans le dessin des tours rondes, des colonnes, etc. Ainsi (fig. 54) la base de la tour est la moitié d'un cercle horizontal plus bas que l'horizon. Le cordon *ab* représente un cercle horizontal à la hauteur de l'œil, et le contour du toit un cercle horizontal plus haut que l'horizon.

Les cercles verticaux se rencontrent, dans les œils-de-bœuf pratiqués aux faces des édifices, dans les voûtes ; mais en partie seulement, dans ce dernier cas : tantôt ce sont des demi-cercles, tantôt des portions moindres (fig. 55).

Une boîte ronde (fig. 56), dont le couvercle est dans une position verticale, donne en même temps la perspective des cercles horizontaux et verticaux.

3° Quand les cercles sont *obliques* par rapport au plan du tableau, ils affectent toujours une forme allongée, et leur perspective peut s'obtenir, comme dans les cas précédens, en les inscrivant dans des carrés obliques comme eux. On déterminera le dessin de ces carrés en faisant d'abord un carré horizontal ou vertical, qui fournira ensuite la construction du carré oblique, dans lequel on renfermera le cercle, d'après les règles exposées aux n°^{s} 23 et 28. Ainsi (fig. 57) les carrés *abcd*, *efgh* ont été tracés au moyen des carrés *a'b'c'd'*, *e'f'g'h'*.

29. Pour mettre en perspective une *ligne courbe* quelconque, on se contente le plus souvent d'une approximation. En employant des moyens semblables à ceux que nous avons mis en usage pour la perspective des cercles, on arrive à une exactitude suffisante. On conçoit, d'ailleurs, que plus on déterminera de points de la courbe, plus on s'approchera de la correction du dessin. Dans la plupart des cas, ces constructions seront difficiles et compliquées.

Nous verrons dans le dernier chapitre quels moyens emploient les paysagistes pour dessiner ces lignes d'après nature.

30. Une *sphère* sera représentée par un cercle géométral, toutes les fois qu'elle sera placée de manière que son centre soit sur le rayon visuel du point de vue. Dans toutes les autres positions, la forme perspective s'allonge; toutefois cela ne s'aperçoit sensiblement que pour les sphères de grande dimension et éloignées du milieu du tableau ; il n'y a que les ombres et le tracé de plusieurs cercles sur une sphère, qui puissent en faire comprendre la rondeur dans le dessin.

31. Il nous paraît convenable de mettre à la suite des lignes courbes le dessin de *la tête et de l'académie*. Il n'entre ni dans notre intention, ni dans le plan de cet ouvrage, de faire ici une étude complète de cette partie du dessin. Cela nous éloignerait trop, en effet, de la marche élémentaire que nous avons adoptée; nous nous bornerons à l'énoncé de quelques règles générales.

Le dessin d'une tête pourrait être soumis aux principes exacts de la perspective, tels que nous les avons exposés, et si les peintres n'emploient pas, dans le dessin de leurs tableaux, les mêmes tracés que ceux employés pour le paysage, c'est qu'une étude longue et sévère leur a acquis une justesse dans l'œil, qui sup-

plée à l'emploi des moyens que nous avons indiqués. D'ailleurs les parties d'une tête se
trouvent trop rapprochées les unes des autres,
et occupent des positions telles qu'elles exige-
raient souvent des tracés d'une exécution dif-
ficile et embarrassante à déterminer. Cependant
il est incontestable que, sans la connaissance
de la perspective, l'artiste arrivera rarement
à mettre de l'harmonie entre les parties d'une
tête, et à plus forte raison entre les différens
groupes de figures qui devront composer son
tableau.

32. C'est ce qui nous détermine à présenter
ici quelques observations qui indiqueront comment on parviendra à disposer convenablement les parties d'une tête, et à reconnaître
si les lois de la perspective n'ont pas été mé-
connues dans un portrait ou dans une figure
quelconque.

Une tête a généralement une forme sphé-
roïde, c'est-à-dire celle d'une sphère plus ou
moins allongée. Ainsi, quand on dessine une
tête de face, on doit tracer à peu près un
ovale ; placer les deux yeux sensiblement sur
une même ligne, qui est droite quand ils sont
à la hauteur du rayon visuel, et qui devient
courbe quand ils sont plus hauts ou plus bas.

Les fig. 58, 59 et 60 offrent ces trois positions.

La bouche, ainsi que toutes les parties
doubles symétriques, qui se dessinent égale-

ment sur une ligne, peuvent, par conséquent, se trouver dans la même alternative que les yeux.

Les courbes deviennent plus sensibles quand la tête est penchée ou relevée (fig. 61 et 62).

Si une tête, vue de face d'abord, fait un quart de tour, à droite ou à gauche, le spectateur n'aperçoit plus qu'un *profil* (fig. 63), dont le dessin présente moins de lignes fuyantes et raccourcies que celui de la position précédente.

Quand une tête, vue de face, fait moins d'un quart de tour, elle est dite *de trois quarts:* elle offre généralement, dans ce cas, plus de difficultés au dessinateur, à cause des raccourcies que présente surtout la moitié de la tête qui a disparu en partie. La position d'une tête de trois quarts peut varier à l'infini, depuis la position de face jusqu'au profil. On devra remarquer, dans tous les cas, que les lignes sur lesquelles se placent les yeux, la bouche, les narines, doivent concourir toutes à un même point. Ces parties doivent donc se rapprocher dans le dessin (fig. 64).

Évidemment les règles de la perspective se font également sentir à l'égard de toutes les autres parties du corps, et le peintre qui fait un tableau représentant plusieurs figures doit observer les règles dans toute leur rigueur, tant pour le dessin des diverses parties d'une

même figure, que pour l'arrangement et la
symétrie des figures elles-mêmes sur le lieu où
elles sont placées. C'est ainsi qu'un homme ou
plusieurs hommes de même taille, placés à
diverses distances sur un terrain horizontal
(fig. 65), se trouveront compris dans les lignes
ao, *bo*, allant à un point de l'horizon, et partant de la figure la plus voisine du dessinateur (on suppose aussi que ces figures sont
toutes sur la même direction comme sont les
lignes d'une armée).

CHAPITRE VI.

OMBRES.

Perspective linéaire des ombres.— Ombres des corps éclairés par le soleil; ombres des corps éclairés par une lumière factice. — Réflexion de l'image des objets à la surface de l'eau; réflexion des astres.

33. Il est inutile de dire que les contours des ombres suivent exactement les lois de la perspective linéaire; cependant il importe de faire observer que les contours des ombres ne sont pas, en général, aussi franchement arrêtés par des lignes que les angles d'un édifice; il n'y a pas passage brusque de l'ombre à la lumière; la *pénombre* forme transition.

Sans entrer dans tous les détails auxquels pourrait conduire l'étude des ombres, qui varient avec le déplacement de la lumière, et suivant la forme des objets sur lesquels l'ombre vient se peindre, ou qui la produisent, nous allons exposer les règles nécessaires pour l'exécution du dessin de cette partie intéressante de l'art.

34. Les rayons de la lumière du soleil doivent être regardés comme des lignes parallèles, à cause de la grande distance de cet astre; c'est ce qui est démontré par la différence qui existe dans la forme des ombres, quand les

objets sont éclairés par le soleil, ou quand ils le sont par des lumières factices.

Pour déterminer la forme d'une ombre, lorsque la lumière vient du soleil, il faudra d'abord remarquer à quelle hauteur au-dessus de l'horizon se trouve l'astre ; puis conduire sur les contours du corps qui porte l'ombre des lignes parallèles à celles que l'on suppose partant du centre du soleil. Pour fixer les idées, supposons que le soleil éclaire de côté, et parallèlement au tableau, une porte dont les lignes fuyantes vont au point de vue (fig. 66); l'ombre aura en perspective la forme *abcd*, *ad*, et *bc* se dirigeant au point de vue (on suppose le terrain uni et horizontal).

La forme géométrale de l'ombre serait celle indiquée par la fig. 67, et on pourrait la tracer au moyen des rayons qui passent sur les contours de la porte, et viennent rencontrer le terrain aux points *a*, *b*, *c*, *d*.

Ce cas, quoique très-particulier, donnera l'idée de la forme que l'ombre devrait prendre, soit que l'on suppose le soleil en un autre point de sa course, soit que la porte se trouve placée différemment. Par exemple, si le soleil était en face du dessinateur, ainsi que la porte (fig. 68), certains contours de l'ombre concourraient encore au point de vue. Ces mêmes contours iraient à des points accidentels, en supposant le soleil placé entre les deux positions que nous venons de considérer.

35. Quand les corps sont éclairés par une *lumière factice*, telle qu'une chandelle, un feu de cheminée, etc., les rayons ne sont pas parallèles, comme on l'a fait remarquer à l'égard des rayons solaires, et les ombres se modifient avec la distance comprise entre le foyer de lumière et le corps éclairé. On sait, en effet, que l'on peut, en plaçant la main près de la flamme d'une bougie, porter une ombre capable de couvrir les murs entiers d'une chambre; et que, si l'on s'éloigne de la flamme, l'ombre diminue, et devient presque égale à la surface même de la main.

Si la lumière venait d'un feu de cheminée ou de tout autre foyer d'une surface plus étendue que celle du corps éclairé, on verrait l'ombre paraître plus petite que le corps opaque, et d'autant plus petite qu'elle serait portée sur un plan plus éloigné de ce corps. Ainsi, la main fait à peine une ombre sensible sur les parois d'un appartement, quand on la place devant un feu de cheminée; une personne dans la même position ne donne une ombre un peu grande que lorsque le plan où elle est portée se trouve à une petite distance.

Ainsi, quand le foyer lumineux est une bougie, l'ombre grandit quand on approche le corps opaque, ou bien quand on éloigne le plan sur lequel l'ombre se forme. Lorsque le

foyer est plus grand, c'est-à-dire, d'une étendue qui dépasse celle que présente à l'œil le
corps opaque, l'ombre diminue, quand on
éloigne le plan où elle tombe; mais elle ne
diminue qu'en intensité quand on éloigne le
corps opaque.

Cherchons maintenant quelles règles on devra suivre pour déterminer la grandeur et la
forme d'une ombre, en supposant d'abord que
le foyer est une bougie placée sur une cheminée, et dont les rayons éclairent une table
(fig. 69).

Plaçons-nous, pour plus de simplicité, de
manière que la bougie et la table se trouvent à
la même distance de la ligne de terre, et que
les côtés *ab* et *cd* aient leur direction au point
de vue. Il suffira d'abaisser depuis la flamme
une verticale *fe* jusqu'au parquet, et du pied
de cette ligne mener des horizontales *eg*, *eh*,
ei, *ek*, passant par le pied des verticales *am*,
bn, *co*, *dp*, et venant rencontrer les lignes
droites qui partent de la flamme et passent
aux angles de la table. On voit que l'ombre est
déterminée en joignant les points *ghik*.

Si l'objet éclairé était de la forme rectangulaire *abcd* (fig. 70), dans une position verticale et ayant en même temps une face tour-
née du côté de la bougie, les contours fuyans
de l'ombre auraient exactement les mêmes di-

rections que les côtés qui leur correspondent dans l'objet.

Ces deux exemples suffisent pour indiquer en général ce qu'il faudra faire dans d'autres cas.

Lorsque le foyer est grand, les contours des ombres sont le plus souvent moins nettement arrêtés que lorsque la lumière vient d'une bougie ou tout autre foyer éclatant, mais de petite dimension. On déterminerait les contours des ombres, dans ce cas comme dans le précédent, en menant une verticale depuis le centre du foyer jusqu'au plan horizontal (fig. 71); mais on devrait ensuite tirer des lignes de tous les points du contour du foyer, qui passeraient sur les contours du corps éclairé et viendraient rejoindre l'horizontale *fo* au point *o*, au-delà du plan qui reçoit l'ombre, si celui-ci est assez rapproché du corps éclairé.

36. La lumière est également la cause directe de la formation des images dans les eaux tranquilles. Il nous a donc semblé convenable de placer ici les observations que nous avons à faire sur le dessin de ces images.

Ce sont les rayons de lumière que les corps renvoient qui produisent dans l'œil la forme des objets : si, en renvoyant ainsi la lumière de toutes parts, ces corps se trouvent assez près d'une surface polie, qui ait elle-même la propriété de renvoyer au moins une grande partie des rayons qui viennent tomber sur elle, ces corps reparaissent alors une seconde fois à l'œil de l'observateur, placé convenablement pour recevoir ces rayons réfléchis de nouveau. Telle est la cause de la production des images à la surface d'une eau tranquille, qui, dans cet état, offre une surface unie à peu près comme celle d'une glace. Le phénomène de la réflexion est le même dans tous les cas, quelle que soit la surface réfléchissante.

Mais nous devons étudier, en particulier, les images réfléchies à la surface de l'eau, parce que ce sont celles-là surtout que l'artiste trouve le plus souvent à reproduire dans la peinture.

Il faut remarquer en premier lieu que l'image réfléchie est toujours plus faible d'intensité et moins nette que l'image directe, parce qu'une partie des rayons envoyés par les corps se trouve absorbée par l'eau. D'une autre part, comme nous l'avons déjà dit, la réflexion des images ne peut avoir lieu que quand l'eau est calme ; l'eau agitée disperse la lumière trop confusément et dans un trop grand nombre de directions, pour que l'œil puisse rien percevoir. — On sait, du reste, que ces images se trouvent renversées et qu'elles se présentent à l'œil avec les mêmes dimensions que celles qui sont produites directement par les corps.

Si l'objet réfléchi se trouve placé sur le bord de l'eau, on aperçoit son image tout entière (fig. 72).

Toutes les lignes, dans l'objet, dont la direction en perspective est à des points placés sur l'horizon vont aux mêmes points de concours dans l'image. S'il y a des lignes qui concourent à un point aérien, comme *ab*, *cd*, l'image de ces lignes devra concourir à un point situé verticalement au-dessous et à la même distance de l'horizon : tels sont les points x et x'. Si le point de concours était évanouissant, le point correspondant dans l'image serait placé au-dessus de l'horizon et à la même distance.

Comme la lumière diminue à mesure que les distances augmentent, on conçoit que si les objets se trouvent placés trop loin de l'eau, la réflexion ne sera plus sensible : c'est en effet ce qui a lieu. Mais, malgré leur éloignement du spectateur, si les objets se trouvent au bord de l'eau, l'image pourra en être sensible, parce que, dans ce cas, ainsi que nous l'avons fait remarquer, l'image réfléchie est toujours proportionnelle en intensité et en force à l'image directe. C'est ainsi qu'on aperçoit très-bien les lointains réfléchis, quand ils sont baignés par le pied.

La fig. 73, qui donne des exemples variés de réflexion à la surface de l'eau, suffira pour guider le dessinateur dans tous les cas semblables.

37. Lorsque l'objet n'est pas sur le bord de l'eau, l'image ne peut plus être réfléchie complétement. D'ailleurs, l'apparition plus ou moins complète de cette image dépend aussi de la position de l'observateur : plus son œil se trouve près du plan du niveau de l'eau, plus l'image se complète. Un exemple pourra donner une idée des modifications que l'image peut subir, tant par la position du spectateur que par la forme du terrain compris entre l'objet et l'eau. Supposons donc qu'un arbre soit placé (fig. 74) sur un terrain en talus et à quelque distance du bord de l'eau. Pour avoir exactement son image, on devrait mesurer la distance du bord de l'eau au pied de la verticale qui descendrait par le pied de l'arbre jusqu'au plan du niveau de l'eau ; supposer ensuite que la réflexion commence au bas de cette verticale : on aurait ainsi la partie *ab* de l'arbre qui est réfléchi.

Un profil de ce tracé (fig. 75) fera mieux sentir la vérité de la démonstration, et on verra en même temps comment les rayons réfléchis arrivent à l'œil du spectateur.

38. Nous avons dit que l'eau agitée ne renvoyait point d'images ; cependant, quand la lumière incidente est très-vive, comme celle qui arrive directement des astres ou d'une

flamme quelconque, alors, quelque petit que soit le nombre des rayons qui arrivent à l'œil, il suffit pour donner une image. Dans ce cas chaque flot peut en quelque sorte en fournir une, et c'est en effet ce qu'on remarque, la nuit, dans les villes, quand les réverbères projettent leur lumière sur les eaux des rivières; la réflexion paraît comme une traînée de lumière, depuis le flot le plus éloigné qui renvoie des rayons jusqu'à celui qui est le plus rapproché du spectateur, et qui peut également transmettre à son œil la lumière qu'il reçoit du foyer. La figure 76 donne une idée de cet effet; on y a indiqué la direction des rayons lumineux.

CHAPITRE VII.

Division d'un tableau en plans. — Observations sur les règles établies dans les chapitres précédens.— Changement de position du dessinateur; conséquence de ce changement.— Déplacement du point de vue.— Cadres de formes variées.

39. Dans les tableaux, et surtout dans les paysages, certains objets paraissent groupés sur une étendue donnée de terrain. On observe d'abord ceux qui se trouvent le plus rapprochés de la ligne de terre ; tous leurs détails sont arrêtés et à peu près également distincts; leurs contours sont de même vigueur. Quant aux autres parties du tableau, on ne les voit pas fuir d'une manière continue, et cela n'a réellement lieu que pour les intérieurs, les places publiques, les grandes lignes d'édifices, et toutes les fois que le sol est uni et sans accident. On aperçoit, au contraire, dans le tableau, immédiatement à côté du premier groupe, d'autres objets déjà éloignés dans la nature, et séparés des premiers par un intervalle que ne voit pas le spectateur. Du premier groupe au second il y a un passage brusque de détails bien marqués à des formes déjà un peu confuses et à des dimensions sensiblement diminuées. Du second groupe d'objets, on peut passer aux lointains,

quelquefois même à la limite de la vue, ou bien passer graduellement, mais toujours par interruption brusque, à divers groupes d'objets de plus en plus éloignés. Dans la nature, en effet, le terrain est le plus souvent découpé par des rivières, des bois, des montagnes, des vallées, etc.

On donne, en peinture, la dénomination de *plans* à ces divers groupes ou parties du tableau, en les rangeant par ordre. Le *premier plan* est celui qui renferme les objets les plus rapprochés de la ligne de terre ; le *second plan*, celui où se trouvent les objets qui suivent immédiatement, mais à une distance, dans la nature, marquée soit par un vallon, soit par une rivière, etc. Ce sont dans les *derniers plans* que se trouvent les objets les plus éloignés et les lointains à peine sensibles. Ainsi (fig. 77) la partie A forme un premier plan, la partie B un deuxième, et C un troisième, etc.

40. Dans les chapitres précédens, nous avons établi comme règle générale, que le dessinateur devait être éloigné de ce qu'il dessine de deux fois l'étendue du terrain qui repose sur la ligne de terre ; ou bien, s'il prend le croquis d'un seul objet, d'un édifice, d'un meuble, etc., de deux fois la plus grande dimension visible de cet objet. Mais il arrive assez souvent que cette condition n'est point remplie, et ne peut même pas l'être, surtout quand

on dessine des intérieurs. Dans ce cas, les lignes se rapprochent plus rapidement ; on voit, par exemple, les contours d'un plafond descendre à l'horizon brusquement, et souvent d'une manière désagréable à l'œil. Cet effet aura toujours lieu quand le dessinateur sera trop près de ce qu'il veut dessiner, et c'est l'effet que l'on remarque dans beaucoup de tableaux.

41. *L'horizon*, que nous avons placé (n° 3) un peu plus bas que la moitié de la hauteur du cadre, n'occupe pas toujours cette position.

Quand le dessinateur s'élève ou s'abaisse, les lignes fuyantes changent de direction, car le point de vue se déplace de la même manière que lui. Quand le dessinateur s'élève ; qu'il se place, par exemple, sur le haut d'une montagne, toutes les lignes horizontales des toits et des objets que son œil domine se dirigent à un horizon très-élevé, elles montent, tandis qu'elles descendaient alors qu'il était dans la plaine et placé plus bas que ces lignes. Il faut donc conclure de ces observations, que l'horizon, dans un tableau, ne peut être fixé invariablement à la hauteur désignée. Il y a même des circonstances dans lesquelles la place de l'horizon doit être déterminée d'après la position du spectateur. Ainsi, lorsque le tableau devra être placé dans un lieu élevé, l'horizon sera plus bas ; il sera plus haut si, au contraire, le tableau doit être placé plus bas que le spectateur. Mais, à l'exception de ces circonstances, et dans les tableaux d'histoire comme dans les paysages, où le dessinateur peut se mettre comme il veut, il est toujours plus commode et plus avantageux de placer l'horizon à la hauteur indiquée précédemment (V. n° 3).

42. Nous avons vu aussi que le *point de vue* occupe toujours le milieu de l'horizon. Mais, en laissant le tableau et le spectateur placés de manière que le point de vue reste fixé ainsi au milieu de l'horizon ; on conçoit qu'il peut arriver qu'une partie du tableau, soit à droite soit à gauche, se trouve soustraite à la vue par un moyen quelconque ; alors le point de vue n'occupera plus le milieu. Du reste, les règles de la perspective ne varient pas ; seulement on a un cadre tronqué, une partie du tableau supprimée.

43. Les *cadres* dans lesquels on renferme un dessin peuvent varier de tant de manières, qu'il est inutile de rien arrêter sur les formes à leur donner. Les principes que nous avons établis sont indépendans de ces formes, car on conçoit facilement qu'un tableau, placé dans un cadre rectangulaire, peut être mis dans un cadre d'une autre forme. Cependant, il est très-important de remarquer que l'horizon devra toujours être supposé aussi long, dans le tableau, que le plus grand diamètre horizon-

tal que l'on pourrait y tracer, afin d'établir les points de distance, qui se déterminent d'après la plus grande longueur horizontale du tableau. Ainsi (fig. 77), l'horizon sera de la longueur *mn* dans un cadre ovale.

CHAPITRE VIII.

PERSPECTIVE AÉRIENNE.

Clair-obscur. — Observation sur les ombres ; leur distribution. — Reflets. — Contrastes. — Ombres dans les corps ronds. — Ombres dans les arbres. — Teinte de l'eau. — Ciel ; sa perspective.

44. Nous avons déjà dit (n° 2) que l'on entend par perspective aérienne la partie de la peinture qui consiste à donner aux objets les teintes qui leur conviennent, à mettre de l'harmonie dans ces teintes, et à les distribuer avec justesse et intelligence. La nature présente trop de variations à cet égard pour qu'il soit possible d'établir des règles précises, comme dans la perspective linéaire. Nous nous bornerons à parler ici des ombres faites au crayon noir ; les règles sur la distribution des couleurs locales, ne faisant pas partie du plan de cet ouvrage.

Dans le croquis ou dans le dessin fini d'un paysage quelconque, il faut qu'on puisse reconnaître et distinguer les parties éclairées d'avec celles qui sont dans l'ombre. On couvre ces dernières d'une teinte plus ou moins grise, souvent même d'une teinte très-foncée. On appelle ordinairement *clair-obscur* la partie de la perspective aérienne qui s'occupe des teintes que doivent prendre les objets non éclairés.

Il y a une différence à observer entre les ombres *projetées* et les ombres répandues sur les parties des objets qui ne sont pas du côté de la lumière. Les premières, dont nous avons déjà étudié les formes, sont généralement d'une teinte plus foncée que les autres, et cela tient à l'opposition voisine de la lumière sur le contour; c'est surtout près du corps qui produit l'ombre, que celle-ci est plus vigoureuse.

La juste disposition des ombres est d'une grande importance, mais on ne peut donner sur ce point de règles absolues; car les couleurs apportent une telle variété dans les teintes, que tantôt on voit la plus forte devenir la plus faible par l'opposition d'une autre couleur; tantôt on remarque l'effet inverse. Nous ferons observer cependant qu'en général les ombres sont plus vigoureuses dans les parties les plus rapprochées du spectateur, et deviennent de plus en plus légères à mesure que les objets s'éloignent: aussi ne doit-on couvrir les lointains que d'une teinte vaporeuse, que l'on peut appeler *demi-teinte*. On met aussi des demiteintes sur les parties des objets que la lumière ne fait que friser.

En général, c'est donc dans le premier plan qu'on devra mettre les teintes les plus vigoureuses, ainsi que les jours les plus brillans.

Dans les autres plans, séparés du spectateur par des couches d'air plus ou moins transparentes, les lumières s'éteignent, les objets se voilent et prennent la couleur de l'atmosphère.

Les objets élevés, tels que les montagnes, les toits, etc., pourvu qu'ils ne soient pas très-éloignés, doivent, dans certains cas, par exemple, lorsque la surface de la terre est chargée comme d'une espèce de brouillard, être arrêtés plus franchement par le sommet qu'au pied. Dans le cas où l'atmosphère est nébuleuse, comme nous croyons les corps plus éloignés qu'ils ne sont en réalité, cette erreur de notre imagination fait que nous les supposons plus grands, parce que nous faisons en même temps la part de la diminution qu'ils éprouvent par l'éloignement. Il faudra donc tenir compte de ces effets en peinture.

45. Souvent on aperçoit, au milieu d'une ombre, des traits de lumière renvoyés par des surfaces réfléchissantes placées à peu de distance ; alors ces parties, qui devaient être couvertes d'une ombre quelquefois vigoureuse, se trouvent, au contraire, assez éclatantes ; ces effets se nomment *reflets*. Les reflets se remarquent surtout sur les surfaces métalliques brillantes.

Plus les surfaces offrent de positions variées, les unes par rapport aux autres, plus elles produisent, en général, de reflets. Le blanc est la couleur qui reflète le plus. Les reflets doivent être étudiés avec soin; c'est par eux seuls, le plus souvent, que les corps se détachent les uns des autres.

45 *bis*. Par l'opposition des lumières et des couleurs, la teinte des objets, en général, n'est plus la même que s'ils étaient vus séparément; ces effets se nomment *contrastes*. Ainsi un corps blanc paraît plus éclatant encore s'il se trouve à côté d'un objet noir; et, réciproquement, le noir paraît plus foncé s'il se trouve à côté d'un corps blanc. Ainsi encore le ciel semble plus lumineux, lorsque des crètes de montagnes boisées, des tours sombres, etc., viennent s'y dessiner.

46. Une ombre est rarement uniforme quand elle couvre une partie opposée à la lumière : ainsi dans la face ombrée et fuyante d'un édifice, la teinte sera généralement plus vigoureuse à l'angle le plus rapproché du spectateur et le plus voisin de la face éclairée. Dans une tour, une sphère, et dans tout objet de forme arrondie, la partie ombrée la plus foncée sera à quelque distance du contour. Dans les arbres, le jour est plus grand et les ombres plus vigoureuses sur les masses du centre que dans les contours. Les branches légères et peu chargées de feuillages semblent se confondre avec les teintes grisâtres des fonds, parce que

la lumière les traverse en éclairant le bord des feuilles.

47. La couleur des eaux, dans un paysage, est assez variable, elle dépend du ton des objets environnans. Quand ceux-ci sont très-éclairés, l'eau est souvent d'une teinte assez foncée, elle paraît brillante lorsque les objets environnans sont fortement ombrés ; c'est ce qu'on observe dans un orage, lorsqu'un nuage noir paraît à peu de distance au-dessus de la surface de l'eau.

48. Dans les ciels on doit également faire sentir, par des détails et des tons plus vigoureux, les parties qui sont plus rapprochées de l'œil ; il faut, en quelque sorte, diviser en plans cette partie du dessin comme le reste du paysage (Voy. n° 39). Les nuages qui se trouvent en haut du tableau sont forts et décidés, ceux qui sont à l'horizon sont très-légers. Cependant la nature présente quelquefois des effets contraires ; dans un orage, l'horizon est souvent plus vigoureux de ton que le reste du ciel.

DEUXIÈME PARTIE.

PERSPECTIVE PRATIQUE.

Dessin des lignes qui se dirigent à l'horizon. — Point de vue. — Moyen de mesurer immédiatement les dimensions à donner aux objets dans les croquis.—Emploi du crayon. — Nuances du trait dans le croquis. — Emploi des lignes verticales et horizontales. — Faces parallèles au tableau ; faces fuyantes. — Points aériens et évanouissans. — Dessin des arbres. — Machines pour dessiner d'après nature.

49. La connaissance des principes, tels qu'ils ont été établis dans la première partie, nécessaire à l'artiste qui veut se rendre compte des effets produits dans un tableau, et qui veut surtout mettre de la précision dans son dessin, trouvent une application immédiate quand on se sert de la règle et du compas, après avoir pris les mesures exactes des objets que l'on veut dessiner. Mais le plus souvent (on le comprend très-bien), quand on dessine d'après nature, principalement le paysage, on ne peut pas satisfaire à ces conditions ; on ne peut pas aller mesurer avec la règle et le compas le site qu'on se propose de dessiner, ainsi que les ob-

jets qu'il renferme. Nous devons donc exposer ici les moyens les plus simples et les plus rapides pour prendre un croquis d'après nature, sans qu'il soit nécessaire de recourir à ces moyens. Nous renverrons d'ailleurs aux principes de la première partie, toutes les fois que cela nous paraîtra utile.

50. Pour faire des croquis d'après nature, on se munira de papier un peu fort et de crayons de mine de plomb, de duretés différentes (cette espèce de crayon porte généralement trois numéros, qui indiquent leur dureté : le n° 1er est le plus tendre, et les autres successivement plus durs) (1). La feuille sur laquelle on veut dessiner devra être fixée et tendue, soit au moyen d'un stirator, soit simplement avec de grosses épingles sur du carton.

Après avoir fait choix d'un site (2), on se

---

(1) Les crayons de la fabrique de **MM. Walter** sont généralement les plus estimés.

(2) Le choix d'un site dépend du goût et du talent de l'artiste. Il serait presque impossible de rien préciser à cet égard ; quelques essais en apprendront plus que tous les préceptes. Nous renvoyons d'ailleurs aux croquis d'après nature que nous avons publiés, avec un texte explicatif. En se transportant sur le terrain où l'auteur s'est lui-même placé, en même temps qu'on pourra juger du choix du site, on trouvera indiqués dans le texte les moyens et les règles qui ont été mis en usage pour chaque croquis. Il n'y aura plus qu'à suivre pour exécuter soi-même.

place convenablement pour apercevoir, sans être obligé de se déranger, tout ce que l'on veut dessiner. Supposons qu'il s'agisse de faire le paysage représenté par la fig. 81. On examinera d'abord quelles sont les lignes horizontales, comme les gouttières, les faîtes des toits, les dessus de portes, de fenêtres, etc., qui ne semblent ni monter ni descendre en s'éloignant de l'œil : telles sont *ab*, *cd*. On tracera légèrement une longue horizontale sur le papier, dans l'endroit où l'on juge que ces lignes devront être dessinées, et cette horizontale formera l'horizon du croquis (Voy. n° 3). — Dès qu'on aura acquis assez d'habitude pour pouvoir placer les diverses parties du dessin, sans prendre aucune mesure, il deviendra inutile de tracer une ligne horizontale sur le tableau.

On pourra alors commencer l'esquisse de la maison A, et prendre d'abord la face la plus rapprochée, dont le dessin n'offre aucune difficulté (Voy. n° 53 et chap. II). Ensuite on aura soin de faire concourir à un même point sur l'horizon toutes les lignes parallèles entre elles, comme *mn*, *pq*, *rs*, etc., de la face fuyante. Ce point de l'horizon se trouvera au milieu du croquis toutes les fois que les lignes fuyantes se dirigeront, dans la nature, de devant en arrière (Voy. n°s 12 et suiv.), et il prendra, dans ce cas, le nom de *point de vue* P (c'est l'exemple choisi dans la figure). Ainsi, quand on regarde l'extrémité d'une galerie, d'un long appartement, etc., on voit les lignes du plafond et du parquet se rapprocher et concourir au point de vue.

Quelle que soit d'ailleurs la direction d'une ligne fuyante, il est important de faire cette remarque, que toutes les lignes qui lui sont parallèles convergent toujours, dans le dessin, au même point avec elle.

Il faut remarquer également qu'il n'y a point de raison absolue qui oblige à dessiner d'abord la maison **A** avant tout autre objet ; seulement, on doit comprendre qu'en général on trouvera de l'avantage à commencer le dessin par une partie très-apparente et qui occupe un espace assez important, ou à peu près le centre dans le paysage.

La maison **A** une fois placée, on **peut** disposer les autres parties qui se groupent autour de cette maison, laquelle servira de point de comparaison pour déterminer les dimensions des autres objets.

Le crayon sera l'instrument de mesure ; à cet effet, on l'éloignera à volonté de l'œil, et on marquera (fig. 82) avec le pouce la longueur qu'il faut de ce crayon pour cacher à l'œil, soit la hauteur, soit la largeur de la maison déjà dessinée ; on mettra successivement ainsi le crayon, en le tenant toujours à la même distance, devant tous les objets à dessiner, en ayant soin de remarquer toujours quelle a été la longueur du crayon nécessaire pour cacher chacune de leurs dimensions : par ce moyen, on voit immédiatement si un objet doit être, dans le croquis, aussi large, aussi haut que la maison déjà esquissée, ou bien double, moitié, etc. Supposons qu'il faille, pour cacher la hauteur de la face de la maison, la moitié de la longueur du crayon placé devant l'œil, et que pour l'objet voisin à dessiner, un arbre, par exemple, il soit nécessaire, pour le cacher, des trois quarts du crayon, on devra donner à cet arbre une fois et demie la hauteur de la maison. Car cette longueur du crayon est une fois et demie celle qu'il faut pour cacher la hauteur de la maison.

On trouve ainsi, mais en tenant le crayon horizontalement, qu'il faut mettre une distance égale à la hauteur de la maison A, entre celle-ci et l'angle le plus rapproché de la maison B. La hauteur de cette dernière, qui est plus éloignée, ne doit être, dans le croquis, que la moitié de celle de A, ce qui est également indiqué par le crayon placé devant l'œil, mais à une distance toujours invariable.

Ce mode de mesure, en effet, ne peut être exact qu'autant que le crayon sera toujours placé, pour toutes les comparaisons, à la même distance de l'œil ; car, sa plus ou moins grande distance dérobe à la vue une plus ou moins grande partie des objets : plus le crayon sera rapproché de l'œil, plus sera grande l'étendue de l'objet qui se trouvera cachée; et, en sens inverse, plus on l'éloignera de l'œil, plus l'objet sera mis à découvert.

Quand on a acquis quelque habitude de ce moyen de mesurer, il peut suffire pour dessiner avec assez d'exactitude tous les genres de paysages.

On pourrait avec avantage remplacer le crayon par une petite règle divisée en parties égales, comme un double décimètre, qui servirait en même temps pour tracer quelques lignes importantes, telles que l'horizon et les contours du cadre, au moyen desquelles l'œil reconnait la rectitude des autres traits du croquis; car elles font aisément apercevoir les lignes qui ne sont pas exactement verticales ou horizontales. — Dans les croquis en forme de *vignettes,* comme on ne fait pas de cadre, on peut placer le papier dans un cadre en bois de petite épaisseur, ou même dans un cadre de petit carton, ce qui donne le moyen de s'assurer également de l'exactitude de toutes les lignes du croquis.

51. Quand on arrive aux détails, tels que les fenêtres d'une maison, les arbres de l'entrée d'une forêt, etc., il faut partager l'espace déterminé pour mettre ces détails par des points ou des lignes légères; il faut cher-

cher à conserver entre les objets des intervalles équivalens à ceux de la nature ; puis, après s'être assuré de l'exactitude de ces divisions, on arrête franchement les contours.

On ne doit pas négliger de faire sentir, dans cette première esquisse, les contours éclairés et ceux qui sont dans l'ombre : les premiers se marqueront au moyen de lignes légères et souvent très-déliées, et les autres, par des lignes vigoureuses, et quelquefois même très-larges : ainsi les contours des fenêtres éclairées s'indiqueront au moyen d'un crayon dur et par des lignes légères ; tandis que pour dessiner les dessous de toits, les enfoncemens de portes, etc., on se servira d'un crayon tendre et en appuyant franchement. Dans les arbres, on a soin aussi d'appuyer plus fortement qu'ailleurs lorsqu'on arrive au-dessous des massifs de feuilles, à l'entrée des branches dans ces massifs, et surtout du côté de l'ombre. Ces différens effets sont d'autant plus sensibles, que les objets sont plus éclairés ; à côté des grandes lumières sont les grandes ombres. On peut indiquer quelquefois par quelques traits assez rapprochés les uns des autres et un peu vigoureux, les parties qui se trouvent entièrement dans l'ombre, surtout si c'est le soleil ou une lumière vive qui occasionne cette ombre.

52. Une ligne importante et d'une grande ressource pour disposer la plupart des objets

dans un coquis, c'est la *verticale du tableau* (Voy. n° 15); on peut la tirer dans toute la hauteur du cadre : on conçoit en effet qu'il sera facile de comparer, dans le croquis, les distances des objets à cette ligne, avec celles que l'œil aperçoit dans la nature, en plaçant le crayon verticalement devant l'œil, de manière qu'il coupe le paysage comme la verticale coupe le croquis. Le dessinateur pourra, d'ailleurs, augmenter à volonté le nombre de ces lignes de repère ; mais il devra toujours préférer les horizontales et les verticales, parce que ces deux positions se déterminent d'une manière certaine, plus facilement que toute autre.

53. Continuons le dessin représenté par la figure 81. On reconnaîtra que toutes les lignes qui sont horizontales dans la nature, et qui fuient pour l'œil du dessinateur, ont toujours leur direction, en perspective, sur la ligne d'horizon XV : ainsi les contours de certains toits, les murs, le haut et le bas des fenêtres vont à des points tels que o, o', etc. Ces points sont aussi variables que la position des lignes horizontales ; plus celles-ci approchent de la position de celles qui vont au point de vue, plus le point de l'horizon où elles se dirigent est rapproché du point de vue.

La perspective d'une rivière R se fait par deux lignes, qui tantôt s'écartent, ce qui a lieu dans la courbure d'un circuit, tantôt se rapprochent et semblent presque se toucher quelquefois, quand le cours de l'eau devient parallèle au tableau.

Il est inutile de présenter ici des observations relatives au dessin des faces parallèles au tableau, qui n'offrent aucune difficulté, et pour lesquelles nous renvoyons à ce qui a été dit au chapitre II. — Seulement, nous ferons remarquer que, dans le dessin des montagnes, on ne devra pas considérer les objets placés au pied et à différentes hauteurs, comme ceux qui seraient à des étages différens d'un édifice, d'une tour, etc. Ainsi, quand on dessine des montagnes, on doit diminuer de plus en plus les dimensions, selon que les objets sont plus ou moins élevés; c'est par cette raison que, dans le croquis dont nous nous occupons, la figure x est plus grande que la figure x' : en effet la pente des montagnes recule les objets, et diminue par conséquent leurs proportions.

Nous ajouterons que, d'après les règles établies dans le chapitre II, il ne faut pas rapprocher les contours d'une face, quelque longue qu'elle soit, si elle est placée parallèlement au tableau. Ainsi un long mur disposé comme l'est, dans la maison A, la face cachée en partie par l'arbre, devrait avoir la même hauteur dans tout le mur, eût-il plusieurs lieues de longueur, si cette hauteur était partout égale dans la nature.

54. Dans le dessin de la rampe d'un escalier ou de la grille G du croquis, les lignes parallèles fuyantes se rapprochent également; mais elles ne vont plus concourir à un point de l'horizon; leur point de concours est plus élevé, et s'appelle *point aérien*; si le point le plus élevé de la grille était le plus rapproché de l'œil du spectateur, ces lignes concouraient, au-dessous de l'horizon, à un point nommé *évanouissant* (Voy. nᵒˢ 24 et suiv.).

55. Dans les faces fuyantes, on voit les dimensions diminuer d'autant plus rapidement, que ces faces sont elles-mêmes plus raccourcies : ainsi dans la maison A, on voit les fenêtres, dans la face qui fuit au point de vue, devenir rapidement étroites et serrées les unes contre les autres; cet effet est moins marqué dans la maison B, dont les faces sont moins fuyantes. Il faut avoir soin que cette dégradation soit bien uniforme, et la faire sentir dans l'épaisseur même des contours. Le croquis que nous donnons ici offre plusieurs exemples de ces différens effets.

L'exercice du crayon, tel que nous l'avons expliqué, joint à quelque habitude d'observation, suffira d'ailleurs, dans toutes les circonstances possibles, pour disposer convenablement ces parties des paysages.

56. Dans le dessin de la figure 81, on remarque que nous avons donné de la vigueur de contour à certaines parties, et que les lointains ont été rendus par des lignes très-légères : cette différence dans la vigueur des lignes vient de la position diverse des plans (Voy. chapitre VII, n° 39). Il sera bon de consulter aussi le chapitre VIII, qui traite de la perspective aérienne.

Nous avons donné aussi, dans la même figure, un exemple de la réflexion des objets à la surface de l'eau, d'après les règles exposées aux n°° 36 et suivans. Ces exemples suffisent pour lever toutes les difficultés qui peuvent se présenter dans l'exécution de cette partie du paysage. Dans tout croquis, il faut avoir soin de ne tracer que très-légèrement ces images et par des lignes interrompues ; car tout le monde sait que la moindre agitation de l'eau découpe et efface en partie les formes réfléchies. Enfin, comme les couleurs et les ombres se réfléchissent également, on devra indiquer, par quelques lignes un peu vigoureuses et rapprochées les unes des autres, les parties qui sont dans l'ombre.

57. Il nous reste à ajouter quelques observations générales sur le dessin des *arbres,* dont nous recommandons l'étude en particulier. Il est important d'apprendre d'abord à dessiner le port propre de chaque espèce d'ar-

bre, la distribution des branches et leur sub-division en petits rameaux ; on s'attachera en-suite à saisir le caractère des feuilles, et à les dessiner franchement, sans faire de revenues sur le trait, la pureté étant la première qua-lité de ce genre de dessin, qui, en offrant beaucoup d'attraits, présente le plus de diffi-culté dans l'exécution. Pour arriver à donner de la vérité au dessin des arbres, il ne faudra pas entreprendre les masses du feuillé avant d'avoir étudié la forme de quelques feuilles ; cependant, pour tous les arbres, il n'y a pas toujours ressemblance entre le feuillé pris par masse et les feuilles vues séparément. On con-çoit très-bien en effet que les formes se divi-sent, se modifient à l'œil par la superposition des feuilles ; ainsi le feuillé du chêne, pris en masse et à quelque distance, devient anguleux et pointu ; celui de l'orme, du charme, du hêtre, prennent plus ou moins la figure du tire-bouchon.

Nous regardons comme une étude aussi agréable qu'utile le dessin de certains arbres, tels que de vieux chênes, dont il faudra exa-miner avec soin l'écorce et les branches char-gées de mousse ; des ormes pris à diverses dis-tances ; des troncs de saule avec les plantes aquatiques qui les entourent ordinairement. On devra faire aussi des études particulières de quelques belles plantes à vigoureuse végé-

tation, et dont le dessin exécuté franchement
produit de bons effets sur le premier plan des
tableaux ; mais nous engageons à éviter, autant
que possible, de comprendre dans le croquis
une certaine nature d'arbres, comme le mar-
ronnier, le noyer, dont le feuillé est lourd et
épais ; ainsi que les arbres taillés et arrondis
des jardins et des promenades publiques, etc.

Les paysagistes ne copient presque jamais
froidement la nature ; c'est-à-dire d'une manière rigoureusement exacte : ils ajoutent souvent, et surtout sur le premier plan, des ac-
cessoires destinés à donner au tableau plus d'a-
grément et d'effet. C'est ainsi que l'on voit
souvent sur cette partie du dessin, des débris
de rochers, des plantes à grandes et fortes tiges, des troncs d'arbres, etc. Quelques figures,
des animaux animent aussi un paysage, et sont
souvent, pour le spectateur, un moyen de juger
des dimensions des autres objets compris dans
le tableau. On comprend, en effet, que par la
connaissance que nous avons de la grandeur
ordinaire d'un homme, il sera facile, par comparaison, de se faire une idée assez exacte de
la hauteur, par exemple, d'un édifice, d'une
montagne, etc.

Nous conseillons, toutefois, d'user avec so-
briété de ces licences artistiques, et de se bor-
ner à saisir le site dans sa nature vraie. Il faut,
en effet, sans être copiste servile de la nature,

l'imiter dans son ensemble, observer exactement les formes à caractères prononcés, et
dont l'altération ou la modification serait facilement aperçue du spectateur, et détruirait
ainsi la vérité du dessin. Jusqu'à ce qu'une
grande habitude et un grand nombre d'observations et d'études d'après nature aient fourni
à la mémoire de l'artiste des matériaux suffi-
sans pour lui inspirer un paysage, il doit se
garder de rien composer d'imagination. Il importe qu'il n'oublie jamais, dans ses composi-
tions, de mettre entre toutes les parties ce caractère d'harmonie et d'union, seule capable
de donner aux objets un aspect de vérité ou
du moins de vraisemblance. Il faut qu'il évite
de placer certains objets dans des lieux où jamais on ne les rencontre; tels que des arbres
et des plantes aquatiques dans des endroits
arides; des habitations élégantes dans un site
sauvage et désert, etc., etc.

Il faut donc, avant tout, s'appliquer à saisir le caractère vrai de toutes choses; on étu-
die ensuite ce qu'on appelle les beaux effets de
la nature; tels que le contraste d'une grande
lumière répandue sur quelques objets placés à
côté d'une ombre qui cache ou laisse dans un
demi-jour d'autres objets voisins; des effets de
lune, d'orage, des levers et des couchers de
soleil, dans lesquels les ombres allongées des

corps, les jours frisans sont le caractère qui domine la composition.

Les artistes ont chacun une manière de faire, qui offre des différences assez sensibles dans la comparaison de leurs dessins; mais si leur talent est réel, on retrouve toujours la nature dans chacun de leurs tableaux : cela prouve que notre œil, notre imagination et souvent aussi les circonstances des lieux, du temps et la position du dessinateur, modifient l'apparence des objets, et ne donnent pas une image unique, constante et invariable d'une même chose prise dans la nature. Il ne sera pas sans utilité de faire une étude comparative de la manière propre à chaque artiste.

Pour lever les incertitudes et les difficultés qui pourraient rester dans l'esprit, on choisira les sites mêmes dont nous avons publié les croquis avec un texte indiquant le lieu où ils ont été pris, la manière et les procédés dont on s'est servi pour les copier. Avec ces croquis sous les yeux en même temps que le site naturel, on parviendra facilement à exécuter soi-même le dessin (1).

58. Nous terminerons ce Traité par l'exposé de quelques moyens mécaniques, propres à faciliter le dessin d'après nature. L'emploi de

---

(1) Un cahier renfermant dix croquis accompagnés d'un texte explicatif.

ces moyens, qui ne constitue plus qu'un véritable calque, fait disparaître les difficultés d'exécution. Ainsi depuis long-temps, et Léonard de Vinci lui-même indique ce procédé, on emploie une *glace de vitre* enduite d'un côté d'une couche de blanc d'œuf battu; on fixe verticalement et convenablement devant soi cette glace; de sorte qu'on aperçoive au travers le paysage que l'on veut dessiner. Après avoir choisi sa position, le dessinateur marque le point de vue au centre, et tire, sans changer la direction de son œil, plusieurs des lignes qu'il doit calquer sur la nature, afin de fixer ainsi comme une espèce de point de repère (on se sert, à cet effet, d'un crayon de plombagine, ou d'un crayon de dessin ordinaire); alors, pour continuer et achever, par le même moyen, le dessin du paysage, on reviendra à la position primitive de l'œil, qui sera facile à reconnaître par la coïncidence exacte des premières lignes tracées sur la glace, avec celles dont elles sont la représentation dans la nature.

59. Un autre procédé moins mécanique consiste dans l'emploi d'un *châssis double*, s'ouvrant à charnière comme les deux feuilles d'un carton de dessin. L'un de ces châssis **A** (fig. 78) est à jour et divisé en carrés égaux par des fils de soie; l'autre **B** est plein et sert à porter le papier destiné pour faire le croquis. On commence par abattre le châssis **A** sur **B** et

par tracer avec le crayon les carrés sur le papier; puis on relève et on fixe verticalement A comme il est dans la figure. On peut numéroter les colonnes des carrés dans l'un et l'autre châssis, afin de retrouver plus aisément les carrés correspondans. Cela fait, et regardant le site à dessiner, on remarque quels sont les objets compris dans chacun des carrés et on les dessine ensuite dans les carrés correspondans sur le papier. Ce procédé est employé avec avantage, surtout pour copier des tableaux dans des proportions plus petites ou plus grandes que le modèle.

On se sert aussi de la chambre noire et de la chambre claire, instrumens de physique dont nous ne parlerons pas ici, parce que ces moyens ne sont pas et ne doivent pas être recherchés par ceux qui aiment le talent et les arts.

60. Enfin un moyen que nous croyons très-propre à faciliter l'étude de la perspective est un système de tringles en bois ou en fer, dont les extrémités sont garnies d'un crochet, et qui peuvent s'adapter à volonté à des tiges droites et verticales, et munies en différens endroits de petits anneaux. Ces tiges sont plantées dans un pied massif (fig. 79). On peut, au moyen de ces tringles et de ces tiges, établir des constructions variées de lignes, se dirigeant tantôt au point de vue, tantôt aux autres points

de l'horizon. On obtiendra aussi des lignes qui concourent à des poins situés au-dessus ou au-dessous de l'horizon , en accrochant les tringles par une de leurs extrémités à un point plus élevé que l'autre. La fig. 79 présente une des dispositions que l'on peut donner à ces lignes.

Ce système de tringles présente l'avantage de pouvoir établir les constructions de lignes dont nous venons de parler dans un appartement, et de les faire dessiner par plusieurs personnes à la fois. Après quelques études de perspective sur ces figures, on trouvera beaucoup moins de difficultés dans l'exécution du dessin des paysages d'après nature.

FIN.

TABLE.

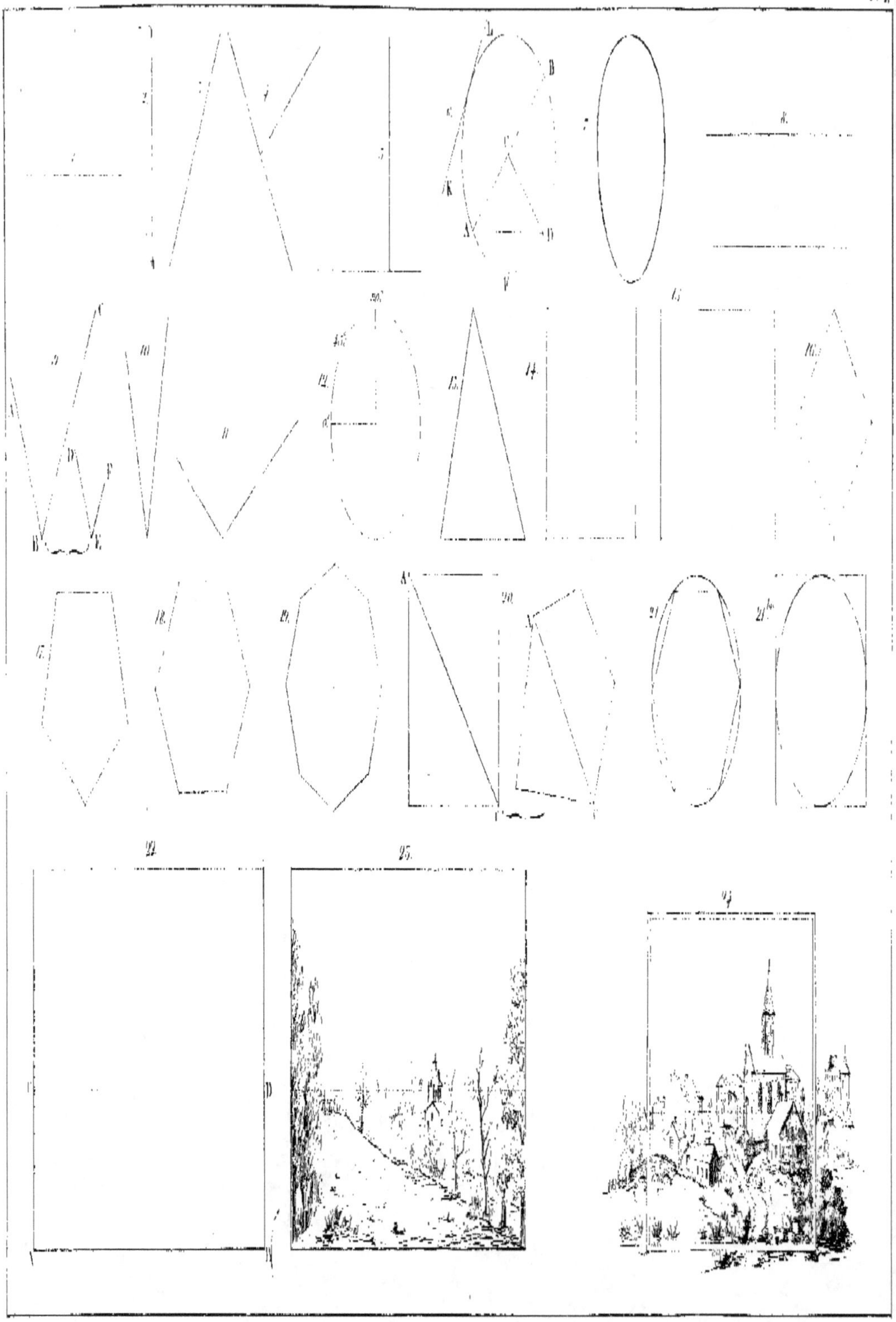

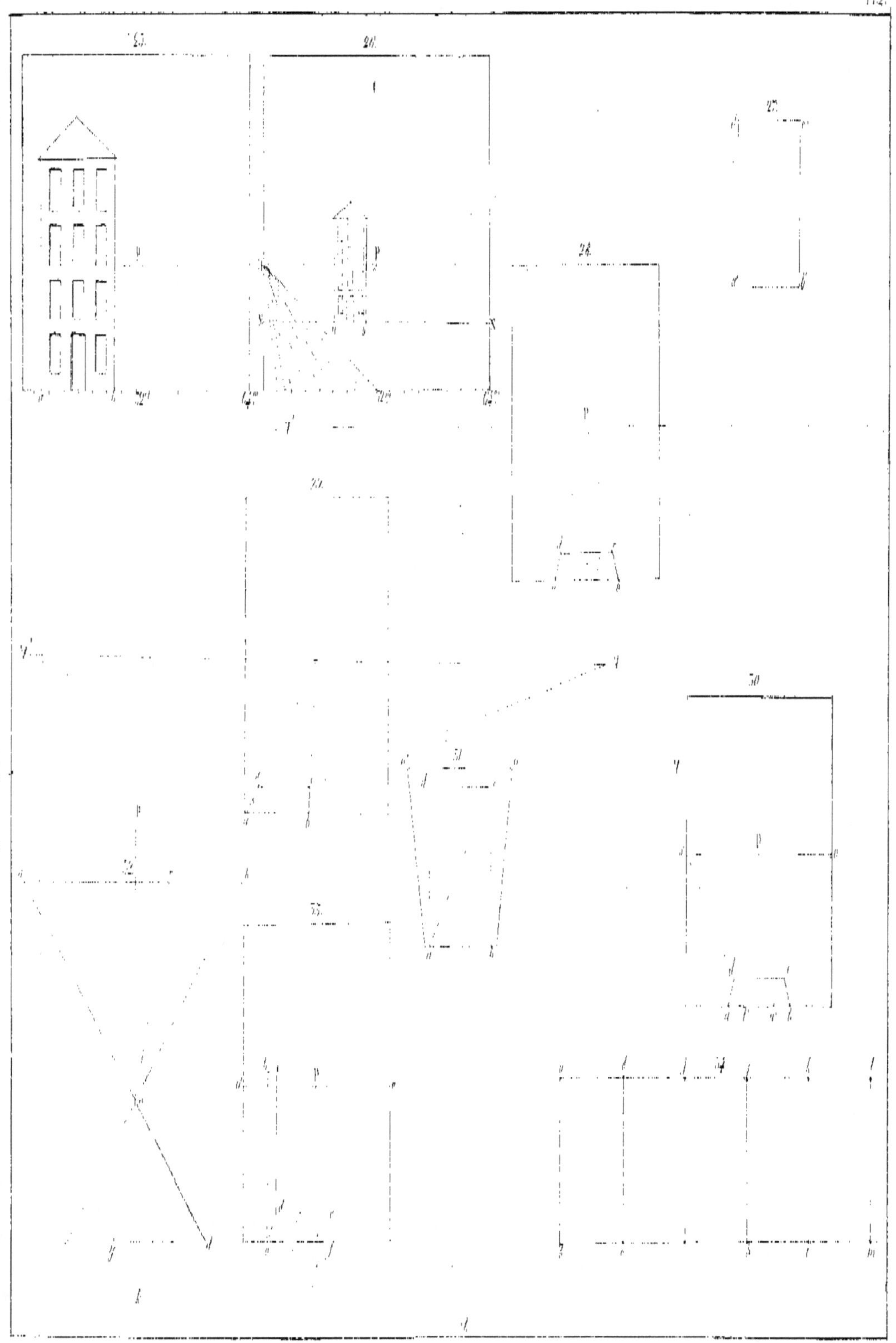

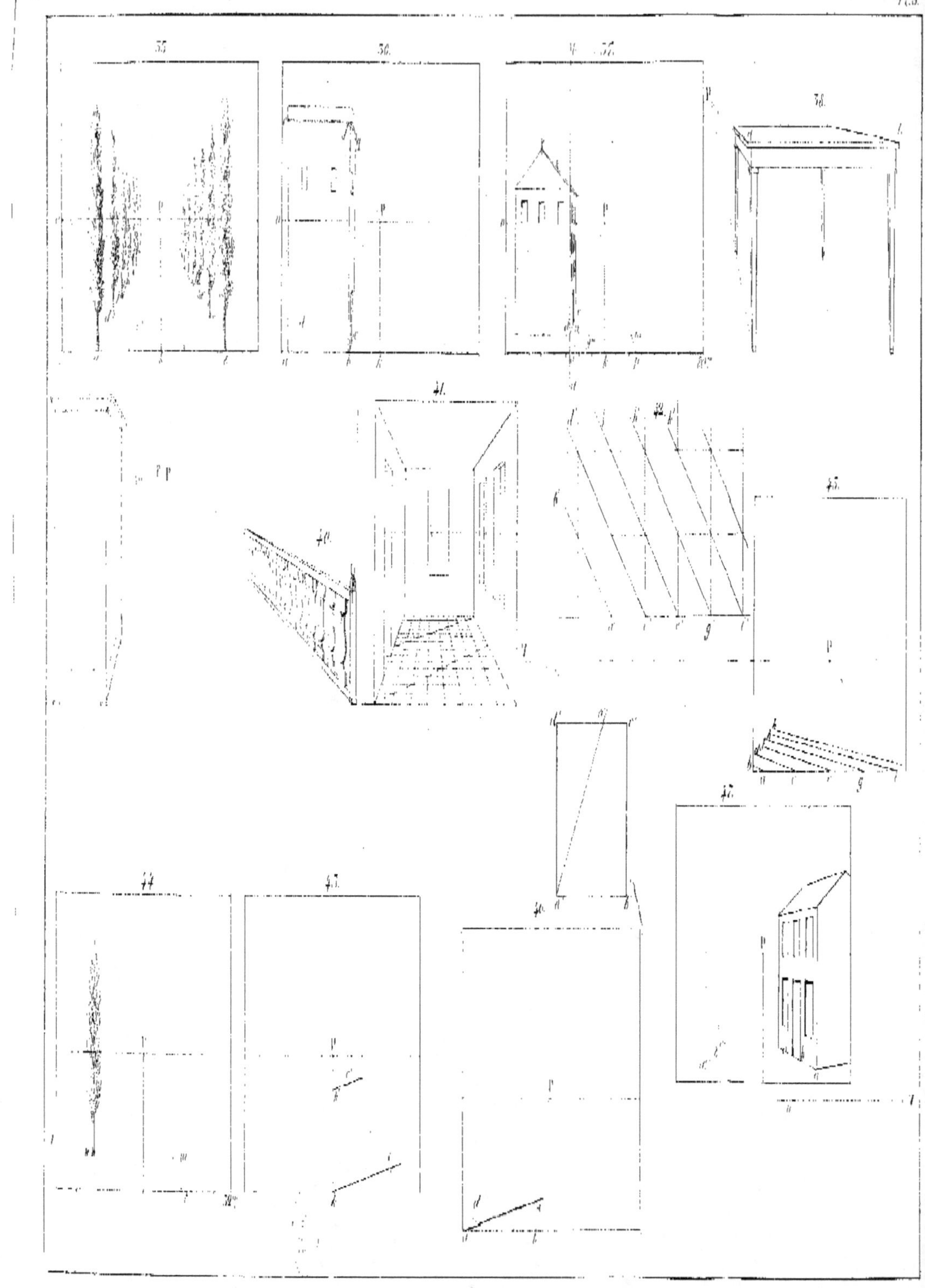

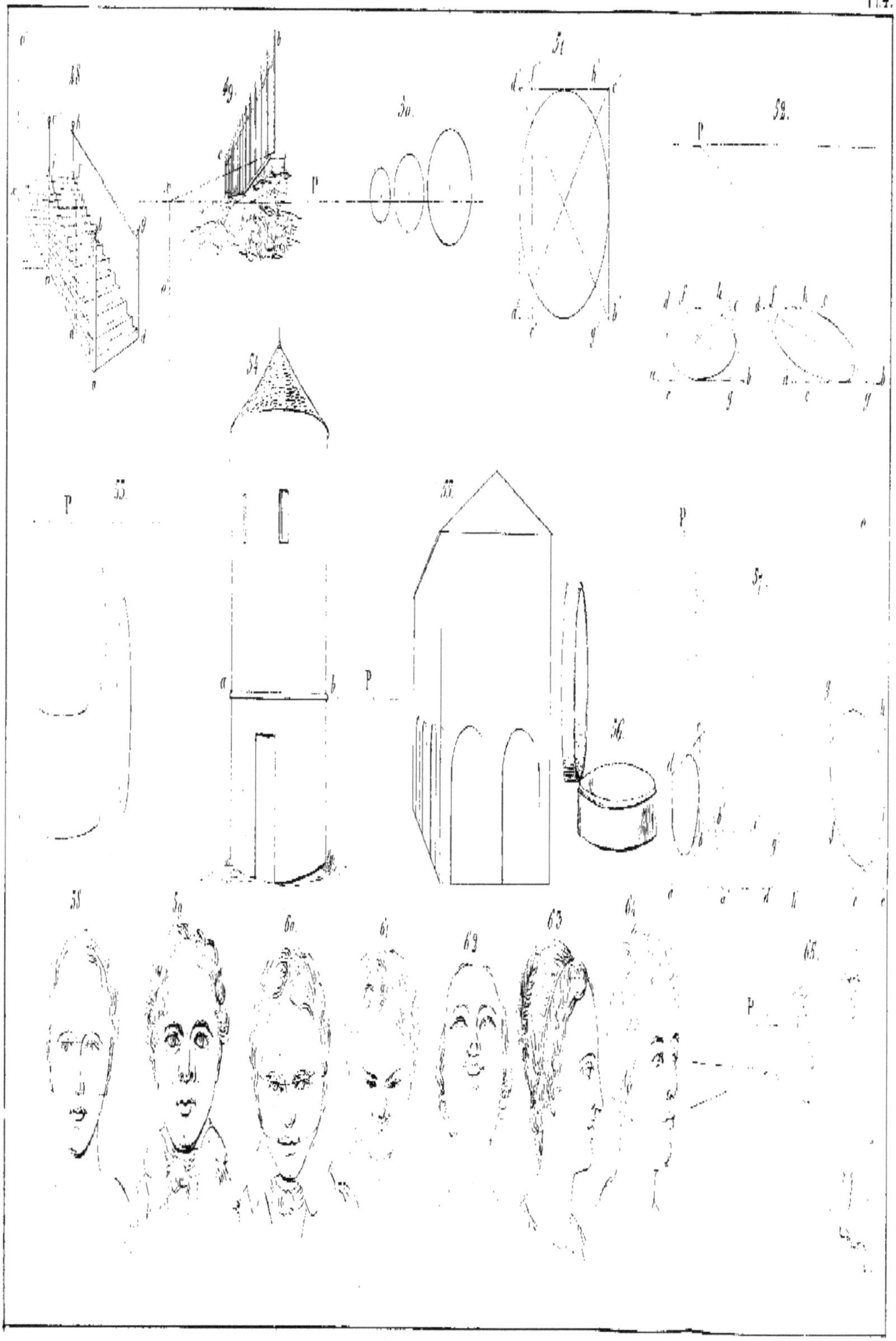

PL. 4.

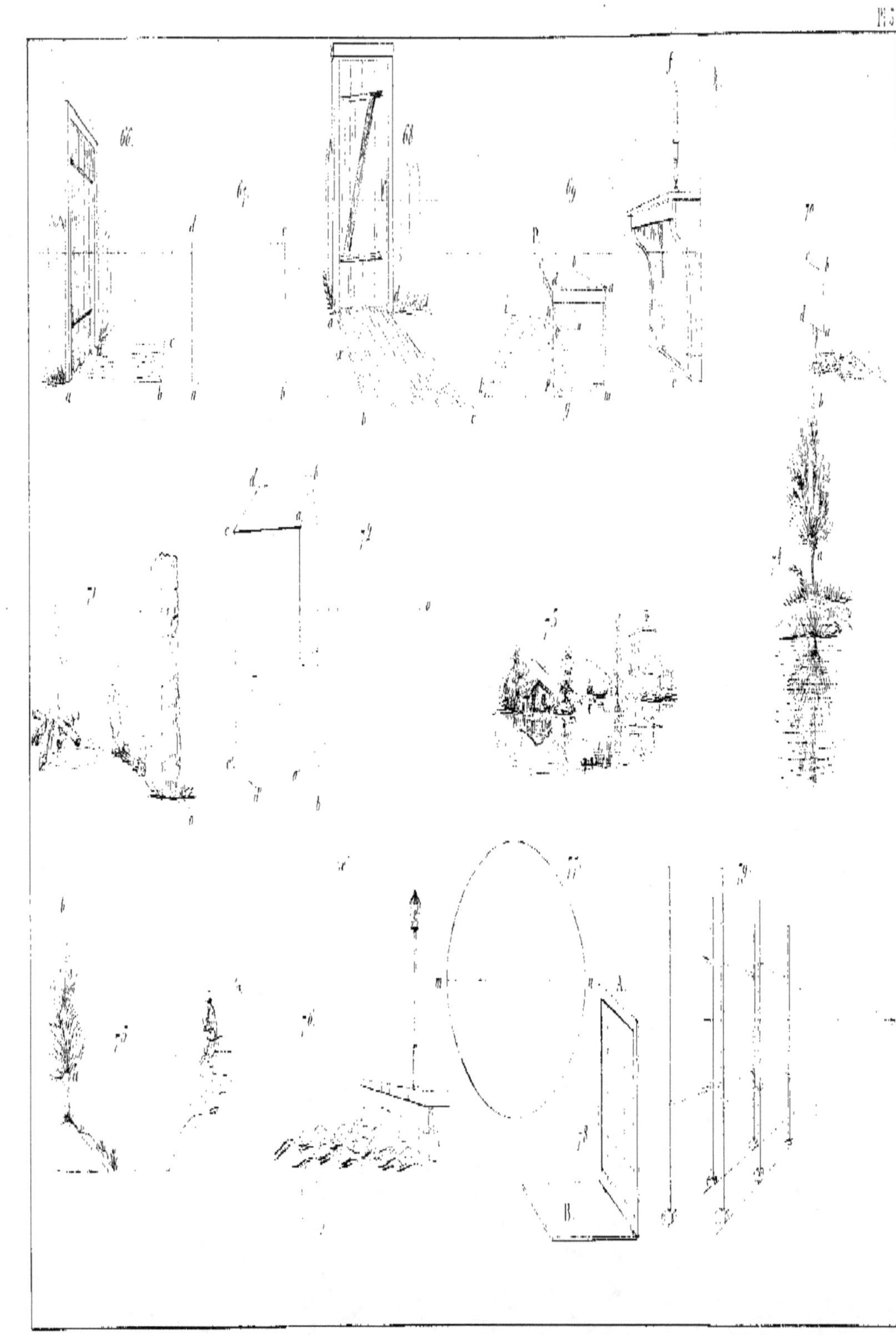

80.
82.
81.
A
B
C
D
X
Y

www.ingramcontent.com/pod-product-compliance
Lightning Source LLC
LaVergne TN
LVHW021731170726
843503LV00004B/1499